"十二五"职业教育国家规划教材
经全国职业教育教材审定委员会审定

住房城乡建设部土建类学科专业"十三五"规划教材

住房和城乡建设部中等职业教育建筑施工与建筑装饰专业指导委员会规划推荐教材

建筑工程测量

（建筑工程施工专业）

王雁荣　主　编

刘晓燕　刘兆煌　副主编

U0321168

中国建筑工业出版社

图书在版编目（CIP）数据

建筑工程测量／王雁荣主编．—北京：中国建筑工业出版社，
2014.12（2020.12重印）
"十二五"职业教育国家规划教材．经全国职业教育教材审
定委员会审定．住房和城乡建设部中等职业教育建筑施工与建
筑装饰专业指导委员会规划推荐教材（建筑工程施工专业）
ISBN 978-7-112-17583-3

Ⅰ.①建…　Ⅱ.①王…　Ⅲ.①建筑测量—中等专业学校—
教材　Ⅳ.①TU198

中国版本图书馆CIP数据核字（2014）第289808号

本书根据最新的专业教学标准以及现行国家行业规范，以项目教学法为主要教学思路编写。全书包括：认识工程测量、高程控制测量、平面控制测量、竖直角及应用、地形图识读与应用、建筑施工测量、变形观测、道路工程测量等内容。

本书可作为中、高职学校建筑工程施工类专业的教材，也可供建设行业从事工程测量工作的技术人员参考。

本书作者编写了《建筑工程测量项目工作手册》和《建筑工程测量习题集》，均由中国建筑工业出版社出版，可作为本书的配套用书。

为了更好地支持本课程教学，本书作者制作了精美的教学课件，有需求的读者可以发送邮件至：2917266507@qq.com 免费索取。

责任编辑：陈　桦　聂　伟
书籍设计：京点制版
责任校对：李美娜　刘　钰

"十二五"职业教育国家规划教材
经全国职业教育教材审定委员会审定
住房城乡建设部土建类学科专业"十三五"规划教材
住房和城乡建设部中等职业教育建筑施工与建筑装饰专业指导委员会规划推荐教材

建筑工程测量
（建筑工程施工专业）

王雁荣　主　编
刘晓燕　刘兆煌　副主编
*
中国建筑工业出版社出版、发行（北京海淀三里河路9号）
各地新华书店、建筑书店经销
北京京点图文设计有限公司制版
北京圣夫亚美印刷有限公司印刷
*
开本：787×1092毫米　1/16　印张：17　字数：391千字
2015年8月第一版　2020年12月第七次印刷
定价：**46.00**元（赠课件）
ISBN 978-7-112-17583-3
　　　（26798）

本系列教材编委会 ◆◆◆

主　任：杨秀方

副主任：（按姓氏笔画排序）

肖伦斌　钱正海　黄民权　廖春洪

秘　书：周学军

委　员：（按姓氏笔画排序）

于明桂	王　萧	王永康	王守剑	王芷兰	王灵云
王昌辉	王政伟	王崇梅	王雁荣	付新建	白丽红
朱　平	任萍萍	庄琦怡	刘　英	刘　怡	刘兆煌
刘晓燕	孙　敏	严　敏	巫　涛	李　淮	李雪青
杨建华	何　方	张　强	张齐欣	张淑敏	陈志会
欧阳丽晖	金　煜	郑庆波	赵崇晖	姚晓霞	姚谨英
聂　伟	诸葛棠	徐永迫	郭秋生	崔东方	彭江林
蒋　翔	韩　琳	景月玲	曾学真	谢　东	谢　洪
蔡胜红	黎　林				

序言 ◆◆◆
Preface

    住房和城乡建设部中等职业教育专业指导委员会是在全国住房和城乡建设职业教育教学指导委员会、住房和城乡建设部人事司的领导下，指导住房城乡建设类中等职业教育（包括普通中专、成人中专、职业高中、技工学校等）的专业建设和人才培养的专家机构。其主要任务是：研究建设类中等职业教育的专业发展方向、专业设置和教育教学改革；组织制定并及时修订专业培养目标、专业教育标准、专业培养方案、技能培养方案，组织编制有关课程和教学环节的教学大纲；研究制订教材建设规划，组织教材编写和评选工作，开展教材的评价和评优工作；研究制订专业教育评估标准、专业教育评估程序与办法，协调、配合专业教育评估工作的开展等。

    本套教材是由住房和城乡建设部中等职业教育建筑施工与建筑装饰专业指导委员会（以下简称专指委）组织编写的。该套教材是根据教育部2014年7月公布的《中等职业学校建筑工程施工专业教学标准（试行）》、《中等职业学校建筑装饰专业教学标准（试行）》编写的。专指委的委员参与了专业教学标准和课程标准的制定，并将教学改革的理念融入教材的编写，使本套教材能体现最新的教学标准和课程标准的精神。教材编写体现了理论实践一体化教学和做中学、做中教的职业教育教学特色。教材中采用了最新的规范、标准、规程，体现了先进性、通用性、实用性的原则。本套教材中的大部分教材，经全国职业教育教材审定委员会的审定，被评为"十二五"职业教育国家规划教材。本套教材全部获评住房城乡建设部土建类学科专业"十三五"规划教材。

    教学改革是一个不断深化的过程，教材建设是一个不断推陈出新的过程，需要在教学实践中不断完善，希望本套教材能对进一步开展中等职业教育的教学改革发挥积极的推动作用。

住房和城乡建设部中等职业教育建筑施工与建筑装饰专业指导委员会

本书是根据最新的专业教学标准以及现行国家、行业规范，结合《建筑与市政工程施工现场专业人员职业标准》JGJ/T 250-2011规定的国家职业标准编写。编写本书的主要目的是满足中等职业教育建筑工程施工类专业教学改革的需要。

为方便学生和工程技术人员的使用，突出"以能力为本位"的指导思想，本书根据工程测量技术人员的岗位要求和职业标准，以工程项目为载体，以任务驱动为导向，突出工作任务的实施过程。

本书通过项目概述、学习目标、任务描述、学习支持、任务实施、知识拓展、能力拓展、能力测试、实践活动等教学环节，将任务实施的流程、要求层层分解，实现了教学过程与生产过程的对接，是职业教育土建类专业教学和课程改革的一次大胆尝试。

全书分为8个项目，包括：认识工程测量、高程控制测量、平面控制测量、竖直角及应用、地形图识读与应用、建筑施工测量、变形观测、道路工程测量等工程测量工作中的主要任务，其中道路工程测量为选修内容，可根据实际情况进行选择和安排教学。

本书由王雁荣统稿并担任主编，刘晓燕和刘兆煌任副主编。具体分工为：云南建设学校王雁荣编写项目1、项目8，云南建设学校陈超编写项目2，浙江建设技师学院徐震编写项目3，浙江建设技师学院张国华编写项目4，成都市工业职业技术学校刘强编写项目5，广州市建筑工程职业学校刘晓燕编写项目6，广州市土地房产管理职业学校刘兆煌编写项目7。

本书的编写得到了住房和城乡建设部人事教育司和编写者所在单位的大力支持，在此一并致谢。

由于编者水平有限，加之时间仓促，书中难免存在疏漏和欠妥之处，敬请读者批评指正。

本书作者编写了《建筑工程测量项目工作手册》和《建筑工程测量习题集》，均由中国建筑工业出版社出版，可作为本书的配套用书。

目录 ◆◆◆
Contents

项目 1
认识工程测量

【项目概述】

　　测量学是一门研究地球表面的形状和大小，以及确定地面点位的科学。按照研究对象及采用的技术不同，又分为多个学科，如：大地测量学、普通测量学、摄影测量学、海洋测量学、工程测量学、地图制图学等。

　　工程测量是指各种工程在规划设计、施工建设和运营管理阶段所进行的测量工作。它的内容很广泛，包括：工业建设、城市建设、交通工程、水利电力工程、地下工程、管线工程、矿山工程等。

　　本项目将带领同学们走进建筑工程测量，认识工程测量的基础知识、常用测量仪器工具，以及建筑工程和线路工程建设各个阶段的测量工作。

【学习目标】

　　通过本项目的学习，你将能够：

（1）认知测量工作的基本内容与要求；

（2）认知工程测量的基本概念和知识；

（3）能识别常用测量仪器工具的外观和功能；

（4）认知测量记录计算的基本规则、常用表格和测量误差的基本知识。

任务 1.1　认识测量工作

【任务描述】

工程测量贯穿于工程规划设计、施工建设和运营管理全过程。工程测量工作对建设工程的质量和进度有着重大影响，因此，必须熟悉工程测量的基本知识和基本技能，才能更好地完成工程测量任务。

通过学习本任务，认知工程测量的任务和内容，确定地面点位置的方法，以及工程测量的工作原则的安全要求，并完成能力测试。

【学习支持】

一、工程测量的任务和内容

（一）工程测量的任务

1. 测定：也称为测绘或测图，是采用一定的测量方法，将地面的地物和地貌按比例缩绘成地形图，供科学研究、经济建设和国防建设使用。

2. 测设：也称为放样或放线，是将图纸上已设计好的建（构）筑物的平面位置和高程在地面上标定出来，作为施工的依据。

（二）工程测量的内容

工程测量的主要内容有大比例尺地形图测绘、地形图应用、施工测量和变形观测等，其具体工作如下：

1. 大比例尺地形图测绘

运用各种测量仪器、工具和软件，通过实地测量与计算，把小范围内地面上的地物、地貌按一定的比例尺测绘成图。

2. 地形图应用

根据地形图、断面图等图面上的图式符号识别地面上的地物和地貌，并通过在图上测量，获取工程建设所需的各种技术资料，解决工程设计和施工中的有关问题。

3. 施工测量

施工测量是测图的逆过程，其主要内容包括：

（1）施工前的测量工作：建立施工场地的施工控制网；建筑场地的平整测量；建（构）筑物的定位、放线测量等。

（2）施工中的测量工作：基础工程的施工测量；主体工程的施工测量；构件安装时的定位测量和标高测量；轴线投测；高程传递等。

（3）竣工后的测量工作：验收检查测量；竣工测量；编绘竣工总平面图等。

4. 变形观测

对一些重要的建（构）筑物，在施工和运营期间，定期对建（构）筑物的沉降、倾斜、裂缝和位移等变形进行监测，监视其安全性和稳定性，观测成果是验证设计理论和检验施工质量的重要资料。

二、确定地面点的位置

（一）测量工作的实质

由几何学的原理可知，可以把要测定或测设的地物、地貌看成各种几何形状，它们是由点、线、面组成的，其中点是最基本元素。测量工作就是把要测定或测设的地物或地貌归结为一些特征点，将这些特征点的位置测出或标定在地面上。所以点位关系是测量上要研究的基本关系，测量工作的实质就是确定地面点的位置。

（二）确定地面点位的原理

在数学上，一个点的空间位置，通常用它在三维空间直角坐标系中的坐标 x、y、z 三个量来确定。如图 1-1 所示，测量上也采用类似的方法，确定地面点的位置，即将地面点沿铅垂线方向投影到一个代表地球表面形状的基准面（大地水准面或水平面）上，用地面点在基准面上的投影位置（平面位置，用坐标表示）和该点到水准面的垂直距离（高程）来确定的。

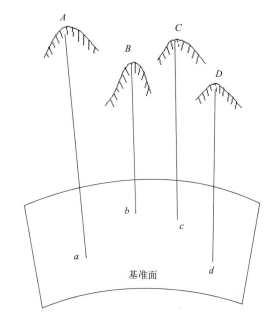

图 1-1 确定地面点位的原理

（三）地面点的平面位置

地面点的平面位置通常用大地坐标系、高斯平面坐标系、假定平面直角坐标系或施工坐标系表示。工程测量中较常用的坐标系有假定平面直角坐标系和建筑坐标系两种。

1. 假定平面直角坐标系

当测区范围较小时（半径 10km 以内），可不考虑地球曲率的影响，直接用与测区中心点相切的水平面代替曲面，并在该平面上建立平面直角坐标系。地面点在大地水准面上的投影位置，就可用该平面直角坐标系中的坐标值 x、y 来确定，如图 1-2 所示。

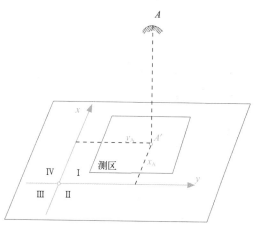

图 1-2 假定平面直角坐标系示意图

测量中使用的假定平面直角坐标系，规定南北方向为纵轴 x，东西方向为横轴 y；x 轴向北为正，向南为负，y 轴向东为正，向西为负。象限名称按顺时针方向排列，如图 1-2 所示。通常将原点选在测区的西南角之外，使整个测区各点的坐标不出现负值。

如图 1-3 所示，测量坐标系与数学坐标系有两点不同。一是坐标轴符号互换，测量中的纵轴为 x，横轴为 y，而数学中的纵轴为 y，横轴为 x；二是象限编号的方向相反，在测量中是顺时针方向编号的，而数学中是逆时针方向编号的。这种变动的目的是为了方便定向（测量上习惯以北方为起始方向），且将数学上的全部三角函数公式和符号规则直接应用到测量计算中，不需任何改变。

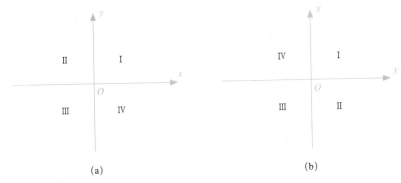

(a)　　　　　　　　　　　　　(b)

图 1-3　数学坐标系与测量坐标系的区别

(a) 数学坐标系；(b) 测量坐标系

2. 建筑坐标系

在建筑工程中，有时为了便于对建（构）筑物平面位置进行施工放样，常建立一个平面直角坐标系，称为建筑坐标系，如图 1-4 所示。

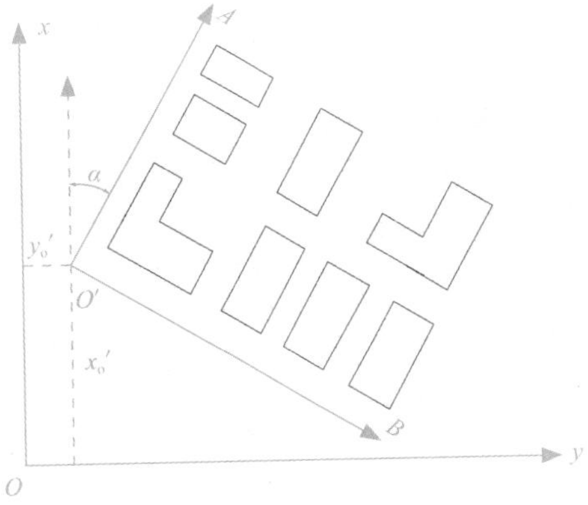

建筑坐标系将原点设在建（构）筑物两条主轴线（或某平行线）的交点上，以其中一条主轴线（或某平行线）作为纵轴，一般用 A 表示，顺时针旋转 90° 作为横轴，一般用 B 表示。

图 1-4　建筑坐标系示意图

（四）地面点的高程

高程是地面点至高程基准面的垂直距离。高程基准面有大地水准面和水准面，所以高程分为绝对高程和相对高程。

1. 绝对高程

地面点到大地水准面的铅垂距离，称为该点的绝对高程或海拔，简称高程，一般用 H 表示。如图 1-5 所示，地面点 A、B 的绝对高程分别为 H_A、H_B。

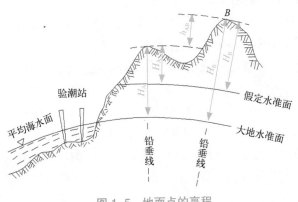

图 1-5　地面点的高程

我国采用青岛验潮站 1952～1979 年观测资料所计算确定的黄海平均海水面作为高程起算基准面，其绝对高程为零，称为"1985 年国家高程基准"。并在青岛建立了国家水准原点作为国家高程控制网的起算点，其高程为 72.260m。

2. 相对高程

地面点到任意水准面的铅垂距离称为相对高程，也称假定高程。一般用 H' 表示。在图 1-5 中，地面点 A、B 的相对高程分别为 H'_A、H'_B。

在建筑设计中，一般以建筑物首层的室内设计地坪为高程零点（±0.000），建筑物各部位的高程均从 ±0.000 起算，称为建筑标高。标高也属于相对高程。±0.000 的绝对高程是施工放样时测设 ±0.000 位置的依据。

3. 高差

在同一高程系统中，地面上两点的高程之差，称为高差，用 h 表示。高差有方向和正负。在图 1-5 中，$h_{AB}=H_B-H_A=H'_B-H'_A$，h_{AB} 表示 B 点对 A 点的高程差。当 h_{AB} 为正值时，B 点高于 A 点，当 h_{AB} 为负值时，B 点低于 A 点。高程的大小与高程起算面无关。

（五）测量的基本工作

地面点的空间位置是以它在基准面上的坐标和高程来确定的，但在实际测量工作中，一般不是直接测定地面点的坐标和高程，而是通过测定点间的距离、角度和高差等几何关系，通过计算求得待定点的坐标和高程。

因此，地面点间的水平角、水平距离和高差是确定地面点位的三个基本要素。我们把水平角测量、水平距离测量和高程测量称为测量的三项基本工作。

三、测量工作的基本原则

1. "从整体到局部、由高级到低级、先控制后碎部"的原则

无论是测定还是测设，测量工作都必须遵循在布局上"从整体到局部"，在精度上"由高级到低级"，在程序上"先控制后碎部"的原则。

测绘地形图时，首先在测区内选定一些具有控制作用的点组成控制网，用较高精度测定各控制点的平面位置和高程，称为控制测量。再根据控制点测定其周围的地物、地貌特征点，称为碎部测量。施工放样也要遵循上述原则，首先在建筑施工场地建立施工控制网，进行施工控制测量，然后根据控制点进行施工放样。

遵循测量工作的原则，它可以减小测量误差的积累，保证全测区的整体精度，并且可同时在几个控制点上进行测量，加快测量工作进度。

2. "边工作边检核"的原则

在测量工作中，为防止出现错误，无论是观测计算还是绘图、放样，每一步工作都必须进行检核，上一步工作未检核不进行下一步工作。用检核的数据说明测量成果的合格和可靠，发现错误或达不到精度要求的成果，必须找出原因或返工重测，以保证测量工作各个环节的合格、可靠。

四、测量工作的安全要求

为了更好地防范测绘工作中发生涉及人身安全和健康的事故，2008年2月国家测绘局发布了《测绘作业人员安全规范》CH 1016-2008，规定了测绘生产中与人身安全相关的安全管理、安全防范及应急处理的要求。下面节选了部分与工程测量密切相关条款，要求同学们严格遵守相关要求，在测量工作过程中做好安全保护与防范，确保安全作业。

1. 作业人员（组）应遵守本单位的安全生产管理制度和操作细则，爱护和正确使用仪器、设备、工具及安全防护装备，服从安全管理，了解其作业场所、工作岗位存在的危险因素及防范措施；外业人员还应掌握必要的野外生存、避险和相关应急技能。

2. 所有作业人员都应该熟练使用通信、导航定位等安全保障设备，以及掌握利用地图或地物、地貌等判定方位的方法。

3. 进入单位、居民宅院进行测绘时，应先出示相关证件，说明情况再进行作业。

4. 遇雷电天气应立刻停止作业，选择安全地点躲避，禁止在山顶、开阔的斜坡上、大树下、河边等区域停留，避免遭受雷电袭击。

5. 在高压输电线路、电网等区域作业时，应采取安全防范措施，优先选用绝缘性能好的标尺等辅助测量设备，避免人员和标尺、测杆、棱镜支杆等测量设备靠近高压线路，防止触电。

6. 外业测绘必须遵守各地方、各部门相关的安全规定，如在铁路和公路区域应遵守交通管理部门的有关安全规定；进入草原、林区作业必须严格遵守《森林防火条例》、《草原防火条例》及当地的安全规定；下井作业前必须学习相关的安全规程，掌握井下工作的一般安全知识，了解工作地点的具体要求和安全保护规定。

7. 外业测绘严禁单人夜间行动。在发生人员失踪时必须立即寻找，并应尽快报告上级部门，同时与当地公安部门取得联系。

8. 在车流量大的街道上作业时，必须穿着色彩醒目的带有安全警示反光的马夹，并应设置安全警示标志牌（墩），必要时还应安排专人担任安全警戒员。迁站时要撤除安全警示标志牌（墩），应将器材纵向肩扛行进，防止发生意外。

【知识拓展】

一、地球的形状和大小

测量工作是在地球上进行的，确定地面点的空间位置，与地形的形状与大小有关，因此，必须了解地球形状与大小的基本概念。

地球的自然表面是极不规则的，有高山、丘陵、平原、盆地及海洋等。其中珠穆朗玛峰高出海水面8844.43m，最低的太平洋西部马里亚纳海沟低于海水面11022m。这种起伏，相对于半径为6371km的地球球体而言，还是微小的。由于地球表面海洋面积约占地球总面积的71%，陆地面积只占地球总面积的29%。因此，人们设想，将由静止的海水面延伸穿过陆地所形成的闭合曲面看作是地球总的形状。

自由静止的海水面称为水准面，水准面处处与铅垂线相垂直。过水准面上某点与水准面相切的平面称为水平面。由于海水潮起潮落，所以水准面有无数个，其中通过平均海水面的水准面称为大地水准面。

如图 1-6 所示，大地水准面所围成的形体称为大地体。用大地体表示地球形体是恰当的，但由于地球内部质量分布不均匀，各处重力不相等，致使大地水准面成为一个有微水起伏的不规则曲面。为便于处理测量成果，测量上选用一个与大地水准面非常接近而又规则的旋转椭球体面代替大地水准面，这个旋转椭球体是由长半径为 a、短半径为 b 的椭圆绕短轴旋转而成，其表面称为参考椭球面。由于地球的扁率很小，当测区面积不大时，可以把地球当作圆球，其半径为 6371km。

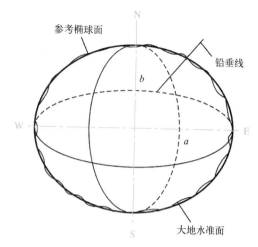

图 1-6　大地水准面与参考椭球

二、大地坐标系

大地坐标系分为参心坐标系和地心坐标系。参心坐标系是按参考椭球与局部地区的大地水准面最佳拟合的定位原则而建立的大地坐标系，其坐标系原点偏离地球质心，由天文大地点的坐标实现。地心坐标系原点位于地心，是用卫星大地测量技术建立的，由空间网的三维坐标和速度实现。

1984 年世界大地坐标系统（WGS-84 坐标系）是一种国际上采用的地心坐标系，GPS 广播星历就是以 WGS-84 坐标系为根据的。

我国采用过的 1954 北京坐标系和 1980 西安坐标系属于参心坐标系，精度较低，而且不均匀。新一代的 2000 中国大地坐标系（CGCS2000）属于地心坐标系，已经在全国正式启用，北斗卫星导航系统（BDS）采用的就是 CGCS2000 大地坐标系。

上述几种大地坐标系可以相互转换。

【能力测试】

1. 绘图说明测量中的平面直角坐标系与数学中的平面直角坐标系有何不同？
2. 已知 H_A=147.315m，h_{AB}=−2.376m，求 H_B。
3. 确定地面点位需要哪几个要素？要做哪些测量的基本工作？

【实践活动】

1. 实训组织：认识工程测量的工作内容和方法后，自主完成能力测试。
2. 实训时间：2 学时。
3. 实训工具：计算器、铅笔、三角板。

任务 1.2　认识测量仪器工具

【任务描述】

测量仪器是为完成测量工作设计制造的数据采集、处理、输出等的仪器和装置。

在工程建设中规划设计、施工及经营管理阶段进行的水平角测量、水平距离测量和高程测量等测量的基本工作均需要借助测量仪器工具完成。

根据《测量仪器工具借领和使用规定》和教师安排，借领常用测量仪器工具，通过学习本任务，认识工程测量中常用的测量仪器和工具的外形、分类和功能，并完成能力测试。

【学习支持】

一、常用测量仪器工具

（一）水准测量的仪器工具

水准测量是通过几何原理测定两点间的高差，进而求得待测点高程的高程测量方法，因其观测精度较高，是最常用的一种高程测量方法。

水准测量采用水准仪实施观测，水准仪按其精度分为 DS_{05}、DS_1、DS_3、DS_{10}、DS_{20} 等几种等级。D、S 分别为"大地测量"和"水准仪"的汉语拼音首字母。其下标中的数字表示仪器能达到的观测精度，即每千米往返测量高差中数的中误差，单位为 mm。常用的水准测量仪器工具见表 1-1。

水准测量的仪器工具　　　　　　　　　　　　　　　　　　　表 1-1

仪器名称	仪器图片	功能和说明
微倾水准仪		【功能】 　高差测量。 【说明】 　微倾水准仪是借助于微倾螺旋和管水准器获得水平视线的普通光学水准仪
自动安平水准仪		【功能】 　高差测量。 【说明】 　自动安平水准仪是指在一定的竖轴倾斜范围内，利用补偿器自动获得水平视线的光学水准仪。用自动安平补偿器代替管水准器，不需精平即可读数，可简化操作，提高作业速度
精密水准仪		【功能】 　高差测量。 【说明】 　精密水准仪是配合因瓦水准尺和平行玻璃板测微器，观测精度可达 0.5～1mm，主要用于一、二等水准测量和精密工程测量

续表

仪器名称	仪器图片	功能和说明
电子水准仪		【功能】 高差测量。 【说明】 电子水准仪又称数字水准仪，是以自动安平水准仪为基础，在望远镜中增加了分光镜和探测器（CCD），配合条码水准尺可实现电子读数。具有读数客观、精度高、速度快、效率高的特点
双面水准尺		【功能】 配合水准仪测定两点间高差。 【说明】 双面水准尺一般采用木或铝合金制成，一般长3m，最小分划为1cm，两根尺为一对。尺的两面均有刻划，一面为黑白相间称为黑面尺，一面为红白相间称为红面尺。两根尺中，黑面尺均从零开始刻划，红面尺一根从4.687m，另一根从4.787m开始刻划。双面水准尺多用于三、四等水准测量
塔尺		【功能】 配合水准仪测定两点间高差。 【说明】 塔尺一般采用铝合金等轻质高强材料制成，分为3、4m或5m，最小分划为1cm或0.5cm。塔尺采用多节塔式收缩形式，使用、携带方便，单次高程测量范围大大提高，但由于存在接头，故精度低于直尺，适用于地形图测绘和图根级水准测量
因瓦水准尺		【功能】 配合精密水准仪测定两点间高差。 【说明】 因瓦水准尺一般是在木质尺身的槽内，以一定的拉力张拉一根因瓦合金带，带上标有刻划，数字标注在木尺上。因瓦水准尺一般与精密水准仪配套用于一、二等精密水准测量和精密工程测量
条码水准尺		【功能】 配合电子水准仪测定两点间高差。 【说明】 条形编码尺通常由玻璃钢或铟钢制成，通过电子水准仪的探测器来识别水准尺上的条形码，再经过数字影像处理，给出水准尺上的读数，取代了目视读数。需与电子水准仪配套使用

续表

仪器名称	仪器图片	功能和说明
尺垫		【功能】 　　转点立尺。 【说明】 　　尺垫一般用铸铁制成，用于在转点处竖立水准尺，以减小转点传递高程的误差

（二）角度测量的仪器工具

　　角度测量包括测定水平角和竖直角，角度测量一般使用经纬仪实施观测。根据度盘刻度和读数方式的不同，经纬仪可分为电子经纬仪和光学经纬仪两种。

　　经纬仪按其精度一般分为 DJ_2 和 DJ_6 两种。D、J 分别为"大地测量"与"经纬仪"的汉语拼音首字母，其下标中的数字为该仪器的观测精度，即一测回方向观测值的中误差，单位为″。常用的角度测量仪器工具见表1-2。

角度测量的仪器工具　　　　　　　　　　　　　　　表1-2

仪器名称	仪器图片	功能和说明
DJ_6 级光学经纬仪		【功能】 　　水平角和竖直角测量。 【说明】 　　DJ_6 级光学经纬仪是一种广泛使用在地形测量、工程测量及矿山测量中的测角仪器。测角精度为6″，一般采用分微尺测微器进行读数
DJ_2 级光学经纬仪		【功能】 　　水平角和竖直角测量。 【说明】 　　DJ_2 级光学经纬仪是一种精密测角仪器。测角精度为2″，一般采用对径符合法进行读数
电子经纬仪		【功能】 　　水平角和竖直角测量。 【说明】 　　电子经纬仪基本构造与光学经纬仪相同，其主要区别在读数系统上，由于采用了光电扫描度盘、自动归算数显系统和多轴补偿功能，测量精度较高，已成为目前主流的测角仪器
花杆		【功能】 　　标定点位和指示方向。 【说明】 　　花杆，又称标杆。一般采用木或铝合金制成，直径约3cm，长度1.5～3m，下部为锥形铁脚，外表面每隔20cm分别涂成红色和白色

（三）距离测量的仪器工具

测量工作中的距离测量一般是测定水平距离。距离测量常用的方法有：尺（皮尺、钢尺等）量、视距测量、光电测距和 GPS 测量等。实际工程中可根据不同的测距精度要求和地形情况，选用相应的测距工具和方法。常用的角度测量仪器工具见表 1-3。

距离测量的仪器工具 表 1-3

仪器名称	仪器图片	功能和说明
钢尺		【功能】 距离测量。 【说明】 钢尺是由薄钢片制成的带状尺，有盒式和手柄式两种，尺长有 15、30、50m 等，最小分划为 mm，是量距用尺中精度最高的一种
皮尺		【功能】 距离测量。 【说明】 皮尺是由麻与细金属丝合织而成的带状尺。尺长有 20、30、50m 等，最小分划为 cm。皮尺的耐拉力较差，容易拉长，用于精度较低的距离丈量
玻璃纤维尺		【功能】 距离测量。 【说明】 玻璃纤维尺是由玻璃纤维束外包聚氯乙烯树脂制成的带状尺。尺长有 30、50m 两种，最小分划为 mm，丈量精度接近钢尺
测绳		【功能】 距离测量。 【说明】 测绳是用细金属丝外包线制成，其外形如电线，并涂以蜡。尺长通常有 50、100m 两种。每隔 1m 包一金属片，注明米数。一般用于精度较低的距离丈量
红外测距仪		【功能】 距离测量。 【说明】 光电测距仪是一种精密距离测量工具，测程一般为 1～5km，按载波的类型分为超声波测距仪、红外线测距仪和激光测距仪
手持激光测距仪		【功能】 距离测量。 【说明】 手持激光测距仪是一种小型的光电测距仪器，是目前使用范围最广的激光测距仪，测量距离一般为 50～200m，精度在 1～2mm。因其外形小巧、携带方便、操作简便、量距精确，已广泛应用于建筑工程装饰装修、房产测量等领域

仪器名称	仪器图片	功能和说明
棱镜		【功能】 　　作为光电测距的反射目标。 【说明】 　　反射棱镜接收全站仪发出的光信号，并将其反射回去。其分单棱镜和棱镜组，可通过基座安置到三脚架上，也可直接安置在对中杆上
测钎		【功能】 　　钢尺量距时标定中间分段点。 【说明】 　　测钎用粗铁丝或钢筋制成，上部弯成小圈，下端磨成尖状，直径 3 ~ 6mm，长度 30 ~ 40cm
垂球		【功能】 　　钢尺量距时用来对点、标点和投点。 【说明】 　　垂球是用金属制成的，似圆锥形，上端系有细线

（四）坐标测量的仪器工具

测量工作中一般通过测定水平距离、水平角和高程，并计算得出地面点的位置。随着测量技术和电子技术的发展，使用全站仪和 GNSS 设备也可以直接或间接测定地面点的坐标。常用的坐标测量仪器见表 1-4。

坐标测量的仪器工具　　　　　　　　　　　　　　　　　　　　　表 1-4

仪器名称	仪器图片	功能和说明
全站仪		【功能】 　　角度、距离、高差、坐标测量。 【说明】 　　全站仪是一种集光、机、电为一体的高技术测量仪器，是集水平角、竖直角、距离、高差测量功能于一体的测绘仪器系统，并通过数据计算和处理间接得出地面点的坐标。因其一次安置仪器就可完成该测站上全部测量工作，所以称之为全站仪。目前已广泛应用于地形测绘和工程测量领域
GNSS 接收机		【功能】 　　坐标测量。 【说明】 　　GNSS 接收机通过卫星导航定位系统（GNSS）精确测定场面点的三维坐标。具有全天候、高精度、自动化、高效益等优点，目前已广泛应用于大地测量、工程测量、变形监测等

二、测量仪器工具借领和使用规定

（一）仪器工具的借领

1. 以小组为单位前往测量实验室借领测量仪器工具。仪器工具均有编号，借领时应当场清点和检查，如有缺损，立即补领或更换。

2. 仪器搬运前，应检查仪器背带和提手是否牢固，仪器箱是否锁好，搬运仪器工具时，应轻拿轻放，避免剧烈震动和碰撞。

3. 实验或实习结束后，应清理仪器工具上的泥土，及时收装仪器工具，送还仪器室。仪器工具如有损坏和丢失，应写出书面报告说明情况，并按有关规定赔偿。

（二）仪器的安装

1. 仪器箱应平稳放在地面上或其他平台上才能开箱。开箱取出仪器之前，应看清仪器在箱中的安放位置，以便用毕后按原样装箱。

2. 架设仪器脚架时，三条架腿抽出的长度和分开的跨度要适中，架头大致水平。若地面为泥土地面，应将脚架尖踩入土中，以防仪器下沉。若在斜坡地上架设仪器脚架，应使两条腿在坡下，一条腿在坡上。若在光滑地面上架设仪器脚架，要采取安全措施，防止仪器脚架打滑。

3. 取仪器时，应双手握住照准部支架或基座部分取出，然后轻轻放到三脚架头上。一手仍握住照准部支架，另一手将中心连接螺旋旋入基座底板的连接孔内旋紧。预防因忘记拧上中心连接螺旋或拧得不紧而摔坏仪器。

4. 从仪器箱取出仪器后，要随即将仪器箱盖好，以免砂土杂草进入箱内。禁止坐、踏仪器箱。

（三）仪器的使用

1. 在任何时候，仪器旁必须有人看管，以防止其他无关人员拨弄仪器或行人、车辆撞倒仪器。在晴天或小雨天使用仪器时，必须撑伞保护仪器，特别注意仪器不得受潮，雨大必须停止观测。

2. 观测过程中，除正常操作仪器螺旋外，尽量不要用手扶仪器及脚架，以免碰动仪器，影响观测精度。

3. 使用仪器时，要避免触摸仪器的目镜和物镜，在日光下测量应避免将物镜直接对准太阳。若镜头有灰尘，应用仪器箱中的软毛刷拂去或用镜头纸轻轻擦去。严禁用手指或手帕等物擦拭，以免损坏镜头上的药膜。

4. 暂停观测时，仪器必须安放在稳妥的地方由专人看护或将其收入仪器箱内，不得将其脚架收拢后倚靠在树枝或墙壁上，以防侧滑跌落。

5. 转动仪器时，应先松开制动螺旋，然后平稳转动。制动时，制动螺旋不能拧得太紧。使用微动螺旋时，应先旋紧制动螺旋。微动螺旋和脚螺旋宜使用中段螺纹，不要旋到顶端，以免损伤螺纹。

6. 钢尺使用时，应避免打结、扭曲，防止行人踩踏和车辆碾压，以免钢尺折断。携尺前进时，应将尺身离地提起，不得在地面上拖曳，以防钢尺尺面刻划磨损。钢尺用完后，应将其擦净并涂油防锈。

7. 皮尺使用时，应均匀用力拉伸，避免强力拉曳而使皮尺断裂。如果皮尺浸水受潮，应及时晾干。皮尺收卷时，切忌扭转卷入。

8. 各种标尺和花杆的使用，应注意防水、防潮和防止横向受力。不用时安放稳妥，不得垫坐，不要将标尺和花杆随便往树上或墙上立靠，以防滑倒摔坏或磨损尺面，更不能将其当成板凳坐在上面。花杆不得用于抬东西或棍棒或作为标枪投掷、玩耍打闹。塔尺的使用，还应注意接口处的正确连接，用后及时收尺。

9. 电子仪器电池应按说明书相关要求完成充放电，若仪器长期不使用，应将电池卸下分开存放，并且电池应每月充电一次。

10. 所有仪器工具必须保持完整、清洁，不得任意放置，并需由专人保管以防遗失，尤其是测钎、垂球等小件工具。

（四）仪器的搬迁

1. 远距离迁站或通过行走不便的地区时，必须将仪器装箱后再迁站。

2. 近距离且平坦地区迁站时，可将仪器连同脚架一同搬迁，其方法是：先检查连接螺旋是否旋紧，然后松开各制动螺旋使仪器保持初始位置（经纬仪望远镜物镜对着度盘中心，水准仪物镜向后），再收拢三脚架，左手托住仪器的支架或基座，右手抱住脚架放在肋下，稳步行走。

3. 搬移仪器时须带走仪器箱及有关工具。

（五）仪器的装箱

1. 仪器使用完后，应及时清除仪器上的灰尘和仪器箱、脚架上的泥土及其他脏物。

2. 仪器装箱时，应先松开各制动螺旋，将脚螺旋旋至中段大致等高的地方，再一手握住照准部支架，另一手将中心连接螺旋旋开，双手将仪器取下放箱。确认放妥后，再检查仪器箱内的附件是否缺少，然后关紧箱门，并立即扣上或上锁。

3. 工作完毕应检查、清点所有附件及工具，以防遗失。

（六）发生故障的处理

所有仪器工具若发生故障损坏或遗失，应及时向指导教师或实验室管理人员汇报，不得自行处理。

【知识拓展】

其他测量仪器简介

工程测量中除了角度、距离、高程、坐标测量等基本工作外，还需根据工程情况完成方位角测量、水平线、铅垂线测量等工作。其他测量工作中常用的测量仪器工具见表1-5。

其他测量仪器   表 1-5

仪器名称	仪器图片	功能和说明
罗盘仪		【功能】 磁方位角或磁象限角测量。 【说明】 罗盘仪是利用磁针确定方位的仪器。具有构造简单、使用方便的特点，但精度较低。常在平面控制测量中用于测定独立测区的近似起始方向，以及路线勘测、地质普查、森林普查中的测量工作
陀螺经纬仪		【功能】 真方位角测量。 【说明】 陀螺经纬仪是带有陀螺仪装置、用于测定直线真方位角的经纬仪。其关键装置是陀螺仪，简称陀螺，又称回转仪。利用陀螺可以确定真子午线北方向，再用经纬仪测定出真子午线北方向至待定方向所夹的水平角，即真方位角。陀螺仪定向操作简单迅速，且不受时间限制，常用于公路、铁路和隧道工程测量
激光投线仪		【功能】 标定水平线和垂直线。 【说明】 激光投线仪可以投射出垂直或水平的可见激光，用于在目标面上标注水平线或垂直线。激光投线仪一般可投射多个激光平面。广泛应用于室内装饰、管线铺设等建筑施工中
激光垂准仪		【功能】 标定铅垂线。 【说明】 激光垂准仪是以重力线为基准，投射出铅垂直线的测量仪器。主要用于高层建筑施工，高塔、烟囱的施工，发射井架、大型柱形机械设备的安装，大坝的水平位移测量，工程监理和变形观测等
三维激光扫描仪		【功能】 三维模型测量。 【说明】 三维激光扫描技术又称为实景复制技术，是近年来出现的新技术。它是利用激光测距的原理，通过记录被测物体表面大量的密集点的三维坐标、反射率和纹理等信息，可快速复建出被测目标的三维模型及线、面、体等各种图件数据。 它突破了传统的单点测量方法，具有高效率、高精度的独特优势，在文物古迹保护、建筑、规划、土木工程、建筑监测等领域有了很多的探索和应用

【能力测试】

1. 精密水准仪一般应配合 _____ 水准尺使用，电子水准仪一般应配合 _____ 水准尺使用。

2. 水准测量中，尺垫的作用是 _____；角度测量中，花杆的作用是 _____；距离测量中，测钎的作用是 _____，垂球的作用是 _____；光电测距中，棱镜的作用是 _____。

3. 光电测距仪按载波的类型分为 _____、 _____ 和 _____ 等几种。

4. 利用全站仪可以进行 _____、 _____、 _____ 和 _____ 等测量工作。

【实践活动】

1. 实训组织：以小组为单位，借领常用仪器工具，并在教师的指导下，通过学习认识测量仪器工具的功能和作用后，独立完成能力测试。

2. 实训时间：1学时。

任务 1.3 认识测量记录计算

【任务描述】

工程测量中，在外业观测的基础上，往往还需要通过内业计算和处理才能形成最终成果。而无论外业观测的数据记录，还是内业中对观测数据的计算和处理，一般都是以表格的形式完成。

所有测量工作都会有精度控制要求，但总会存在各种原因导致的误差影响测量精度的提高。为使测量结果准确可靠，尽量减少误差，提高测量精度，必须充分认识测量可能出现的误差，以便采取必要的措施来加以克服。

通过本任务的学习，认知工程测量计量单位、记录计算的常用表格和规定，以及测量误差的相关知识，完成表1-6和表1-7。

钢尺量距记录表　　　　　　　　　　　　　　　　表1-6

直线编号	方向	整段尺长（m）	余长（m）	全长（m）	往返平均值（m）	相对误差
AB	往	4×50	24.416			
	返	4×50	24.374			

视距测量手簿   表 1–7

测站：A   测站高程：312.673m   仪器高 i：1.46m

点号	视距 Kl （m）	中丝读数 v （m）	竖盘读数 ° ′	竖直角 α ° ′	水平距离 D （m）	高差 h （m）	高程 H （m）	备注
1	32.6	2.480	87 51					
2	58.7	1.690	96 15					
计算公式	竖直角 $\alpha = 90° - L$ 水平距离 $D = Kl\cos^2\alpha$ 高差 $h = D\tan\alpha + i - v$ 测点高程 $H=$ 测站高程 $+h$							

【学习支持】

一、工程测量的常用单位和换算关系

工程测量中常用的角度、长度和面积的计量单位及换算关系见表 1-8 ～表 1-10。

角度计量单位及换算关系   表 1–8

角度制	弧度制
1 圆周 = 360° 1° = 60′ 1′ = 60″	1 圆周 = 2π 弧度 1 弧度 = $\dfrac{180°}{\pi}$ = 57.2958° = $\rho°$ = 3438′ = ρ' = 206265″ = ρ''

长度计量单位及换算关系   表 1–9

公制	英制
1km = 1000m 1m = 10dm = 100cm = 1000mm	英里：mile，简写为 mi 英尺：foot，简写为 ft 英寸：inch，简写为 in 1km = 0.6214mi = 3280.8ft 1m = 39.37in

面积计量单位及换算关系   表 1–10

公制	市制	英制
$1km^2 = 1 \times 10^6 m^2$ = 100 公顷 = 10000 公亩 $1m^2 = 100dm^2$ = 10000cm^2 = $1 \times 10^6 mm^2$	$1km^2 = 1500$ 亩 1 亩 = 666.667m^2 = 0.1647 英亩	$1km^2 = 247.11$ 英亩 $1m^2 = 10.764ft^2$ $1cm^2 = 0.155in^2$

二、工程测量的常用记录计算表格

工程测量中常用的记录计算表格见表 1-11 ～表 1-18。

图根级水准测量记录手簿   表 1-11

测站	测点	水准尺读数（m）		高差（m）	平均高差（m）	高程（m）	备注
		后视	前视				
计算检核							

水准测量内业成果计算表   表 1-12

点号	路线长（km）/测站数	实测高差（m）	改正数（m）	改正后高差（m）	高程（m）	备注
Σ						
辅助计算						

水平角观测手簿（测回法）   表 1-13

测站	目标	竖盘位置	水平度盘读数 ° ′ ″	半测回角值 ° ′ ″	一测回角值 ° ′ ″	各测回角值 ° ′ ″
		左				
		右				

钢尺量距记录表   表 1-14

直线编号	方向	整段尺长（m）	余长（m）	全长（m）	往返平均值（m）	相对误差
	往					
	返					

全站仪导线测量观测记录表 表 1–15

测站	竖盘位置	目标	水平度盘读数 ° ′ ″	半测回角值 ° ′ ″	一测回平均角值 ° ′ ″	备注
	左					
	右					

边名	一测回平距读数（m）			
	第一次	第二次	第三次	平均值

导线测量成果计算表 表 1–16

点号	观测角 ° ′ ″	角度改正数 ″	改正后角度值 ° ′ ″	坐标方位角 ° ′ ″	距离 （m）	坐标增量Δx			坐标增量Δy			纵坐标x （m）	横坐标y （m）
						计算值 （m）	改正数 （mm）	改正值 （m）	计算值 （m）	改正数 （mm）	改正值 （m）		
Σ													
辅助计算													

竖直角观测记录手簿 表 1–17

测站	测点	竖盘位置	竖盘读数 ° ′ ″	半测回角值 ° ′ ″	一测回角值 ° ′ ″	指标差
		左				
		右				

视距测量手簿   表 1–18

测站:			测站高程:				仪器高 i:	
点号	视距 Kl （m）	中丝读数 v （m）	竖盘读数 ° ′	竖直角 α ° ′	水平距离 D （m）	高差 h （m）	高程 H （m）	备注

三、工程测量的记录计算规则

1. 各项记录必须直接记入在规定的表格内，不得另以纸张记录事后誊写。凡记录表格上规定应填写的项目不得空白。

2. 记录与计算均应用 2H 或 3H 绘图铅笔记载。字体应端正清晰、数字齐全、数位对齐，字脚靠近底线，字体大小一般应略大于格子的一半，留出空隙以便修改。

3. 观测者读数后，记录者应在记录的同时回报读数，以防听错、记错。

4. 记录的数据应写齐规定的位数，表示精度或占位的"0"均不能省略。工程测量数据位数的一般规定见表 1-19。

数据位数的一般规定   表 1–19

数据类别	数据单位	记录位数	示例	
高程	m	小数点后 3 位	☑ 1.200	✕ 1.2
距离	m	小数点后 3 位	☑ 20.120	✕ 20.12
角度	° ′ ″	2 位	☑ 75° 06′ 08″	✕ 75° 6′ 8″

5. 禁止擦拭、涂改数据。数据若有错误，应在错误数字上划一斜杠（保证原数据清晰可辨），将改正数据记在原数字上方。所有数据的修改，必须在备注栏注明原因（如测错、记错或超限等）。原始观测数据的尾数部分不得更改，应将该部分观测废去重测。废去重测的范围见表 1-20。

原始数据严禁更改及废去重测的规定   表 1–20

数据类别	严禁更改的部位	废去重测的范围
高程	厘米和毫米的读数	一测站
距离	厘米和毫米的读数	一尺段
角度	分和秒的读数	一测回

6. 禁止连续更改数据，如水准测量的黑、红读数，角度测量中的盘左、盘右读数，距离测量中的往、返测读数等，均不能同时更改，否则重测。

7. 数据计算时，应根据所取位数，按"4 舍 6 入，5 进偶（单进双舍）"的规则进行凑整。

例如，若取至 mm，则 1.2144m、1.2136m、1.2145m、1.2135m 都应凑整为 1.214m。

8.每测站观测结束后，必须在现场完成规定的计算和检核，确认无误后方可迁站。

四、测量误差基本知识

测量中对未知量进行测量的过程，称之为观测。测量所获得的数值称为观测值。进行多次测量时，观测值之间往往存在差异。这种差异实质上表现为观测值与其真实值（简称为真值）之间的差异，这种差异称为测量误差或观测误差，通常称为真误差，简称误差。用 Δ_i 表示观测误差，L_i 表示观测值，设 X 表示真值，则有

$$\Delta_i = L_i - X \tag{1-1}$$

在测量工作中，误差是不可避免，必然存在的。例如，用钢尺对两点间的距离重复测量若干次，各次观测值往往互不相等。又如，平面三角形内角和的真值应等于 180°，但三个内角的观测值之和往往不等于 180°。下面我们通过学习测量误差的基本知识，以便在将来的测量工作中减小观测误差，提高测量精度。

（一）测量误差的来源

测量是观测者使用某种仪器、工具，在一定的外界条件下进行的。测量误差主要由仪器误差、观测者的误差以及外界条件的影响组成。

1.仪器误差

仪器误差是指测量仪器工具构造上的缺陷和仪器本身精密度的限制，致使观测值含有一定的误差。

2.观测者的误差

观测者带来的误差是由于观测者技术水平和感官能力的局限，致使观测值产生的误差。观测者的误差主要体现在对仪器工具的安置、照准和读数等方面。

3.外界条件影响的误差

外界条件的影响是指观测过程中不断变化着的大气温度、湿度、风力、透明度、大气折光等因素给观测值带来的误差。

通常将以上三个方面综合起来称为观测条件。将在相同观测条件下所进行的一组观测，称为等精度观测；在不同观测条件下进行的一组观测，称为不等精度观测。观测条件的好坏将影响观测成果的精度。

（二）测量误差的分类

根据性质不同，观测误差可分为粗差、系统误差和偶然误差三种。

1.粗差

粗差是一种大量级的观测误差，是由于测量过程中各种失误引起的。在测量成果中，是不允许粗差存在的。

粗差产生的原因较多，可能是由作业人员疏忽大意、失职而引起，如大数读错、读数被记录员记错、照准了错误目标等；也可能是仪器自身或受外界干扰发生故障引起的；还有可能是容许误差取值过小造成的。

在观测中应尽量避免出现粗差。发现粗差的有效方法是：进行必要的重复观测，通过多余观测，采用必要而又严密的检核、验算等。含有粗差的观测值都不能使用。因此，一旦发现粗差，该观测值必须舍弃并重测。

2. 系统误差

在一定的观测条件下进行一系列观测时，符号和大小保持不变或按一定规律变化的误差，称为系统误差。

例如，一把名义长度为50m的钢尺，其实际长度为49.992m，在进行距离测量时，每量一尺段就要多量8mm，这8mm的误差在数值和符号上都是固定的，测量的距离越长，误差就会越大。

所以系统误差在观测成果中具有累积性。在测量工作中，应尽量设法消除和减小系统误差。改正的方法有两种：一是在观测方法和观测程序上采用必要的措施，限制或削弱系统误差的影响，如角度测量中采取盘左、盘右观测，水准测量中前后视距离保持相等；另一种是找出产生系统误差的原因和规律，对观测值进行系统误差的改正，如对距离观测值进行尺长改正、温度改正和倾斜改正，对竖直角进行指标差改正。

3. 偶然误差

在一定的观测条件下进行一系列观测，如果观测误差的大小和符号均呈现偶然性，即从表面现象看，误差的大小和符号没有规律性，这样的误差称为偶然误差。

产生偶然误差的原因往往是不固定的和难以控制的，如观测者的估读误差、照准误差等。不断变化着的温度、风力等外界环境也会产生偶然误差。

偶然误差出现的符号和大小没有一定的规律性，但对大量的偶然误差进行统计分析，就能发现规律性。通过统计分析，偶然误差具有如下特性：

（1）有限性：偶然误差的绝对值不超过一定的限值。

（2）集中性：绝对值较小的误差出现的频率大，绝对值较大的误差出现的频率小。

（3）对称性：绝对值相等的正、负误差出现的频率大致相等。

（4）抵消性：当观测次数无限增多时，偶然误差的平均值趋近于零。

（三）衡量测量精度的标准

测量精度是指对某个量的多次观测中，其误差分布的密集程度，反映了观测成果的精确程度。为衡量测量精度优劣，必须建立衡量精度的统一标准。衡量测量精度的指标主要有以下几种。

1. 算术平均值及其中误差

在测量实践中往往无法测出未知量的真实值和真误差，因此实际应用中，一般用算术平均值及其中误差来作为最终观测结果及衡量测量精度的标准。

（1）算术平均值

在相同观测条件下，对某量进行了n次重复观测，其观测值为l_1、$l_2 \cdots l_n$，取n次观测值的算术平均值L作为最终观测结果。

$$L = \frac{l_1 + l_2 + \cdots + l_n}{n} = \frac{\sum l_i}{n} \qquad (1\text{-}2)$$

（2）观测值改正数

未知量的算术平均值与观测值之差，称为观测值改正数，用符号 v 来表示。

$$v_i = l_i - L \tag{1-3}$$

对于等精度观测，观测值改正数的总和为零。这一特性可以用作计算中的检核，若改正数计算无误，其总和必然为零。

（3）观测值中误差

$$m = \pm \sqrt{\frac{\Sigma v_i^2}{n-1}} \tag{1-4}$$

（4）算术平均值的中误差

$$M = \pm \frac{m}{\sqrt{n}} \tag{1-5}$$

由上式可知，观测数次越多，则算术平均值的中误差越小，所以适当增加观测次数，可以提高测量精度。

【例 1-1】对某角进行了 5 次等精度观测，观测结果分别为 75°06′08″、75°06′05″、75°06′02″、75°05′58″、75°06′04″。试求其算术平均值、算术平均值的中误差。

【解】

（1）根据式（1-2）计算算术平均值。

$$L = \frac{l_1 + l_2 + \cdots + l_n}{n} = \frac{\Sigma l_i}{n} = \frac{375°30′17″}{5} = 75°06′03.4″$$

（2）根据式（1-3）计算观测值改正数，将计算结果列于表 1-21 中。

观测值改正数 表 1-21

观测值	观测值改正数 v	v^2
75°06′08″	+4.6″	21.16
75°06′05″	+1.6″	2.56
75°06′02″	−1.4″	1.96
75°05′58″	−5.4″	29.16
75°06′04″	+0.6″	0.36
Σ	0	55.2

（3）根据式（1-4）计算观测值中误差。

$$m = \pm \sqrt{\frac{\Sigma v_i^2}{n-1}} = \pm \sqrt{\frac{55.2}{5-1}} = \pm 3.71″$$

（4）根据式（1-5）计算算术平均值的中误差。

$$M = \pm \frac{m}{\sqrt{n}} = \pm \frac{3.71}{\sqrt{5}} = \pm 1.66''$$

2. 容许误差

由偶然误差的特性可知，在一定的观测条件下，偶然误差的绝对值不会超过一定的限值。这个限值称为容许误差，也称极限误差或限差。

根据误差理论和大量实践证明，在等精度观测的一组误差中，大于两倍中误差的偶然误差出现的概率很小。因此，《工程测量规范》GB 50026-2007中规定以中误差的两倍作为偶然误差的容许误差。

$$\Delta_{容} = 2m \tag{1-6}$$

如果观测值中出现了大于容许误差的偶然误差，则认为该观测值不可靠，应舍去不用，或返工重测。

3. 相对误差

中误差是绝对误差，在衡量观测值精度的时候，对于某些观测成果，单纯用绝对误差不能完全表达精度的优劣。

例如，分别测量了长度为10m和100m的两段距离，中误差皆为 ±0.01m，因为量距误差与其长度有关，所以显然不能认为两段距离测量精度相同。此时，为了客观地反映实际精度，通常用相对误差来表达距离测量观测值的精度。

相对误差K是观测值中误差m的绝对值与相应观测值L的比值，通常用分子为1的分式表示，分母一般四舍五入保留至百位。

$$K = \frac{|m|}{L} = \frac{1}{L/|m|} \tag{1-7}$$

在距离测量中一般用往返观测值的相对较差来检核测量精度，见式（1-8）。

$$K = \frac{|D_{往} - D_{返}|}{D_{平均}} = \frac{|\Delta D|}{D_{平均}} = \frac{1}{D_{平均}/|\Delta D|} \tag{1-8}$$

【例1-2】对某段距离进行往返观测，往测时长度为118.458m，返测时长度为118.429m。试计算平均距离和相对误差。

【解】

（1）平均距离

$$D = \frac{D_{往} + D_{返}}{2} = \frac{118.458 + 118.429}{2} = 118.444m$$

（2）根据式（1-8）计算相对误差

$$K = \frac{\left| D_{往} - D_{返} \right|}{D_{平均}} = \frac{\left| 118.458 - 118.429 \right|}{118.444} = \frac{0.029}{118.444} \approx \frac{1}{4100}$$

【知识拓展】

认识测量规范

测量规范是为了规范测量工作所做的统一规定，它以科学、技术和实践经验的综合为基础，经过有关方面协商一致，由主管机构批准，以特定的形式发布，作为进行测量工作时共同遵守的准则和依据。

测量规范对测量工作的技术要求、仪器设备、操作规程、记录计算、成果资料等内容做出了统一规定，我们在进行测量工作时，必须符合相关测量规范的规定。

表 1-22 列举了工程测量中常用的现行测量规范供同学们参考和查阅。

常用现行测量规范　　　　　　　　　　　　　　　　　表 1-22

序号	名称	代号	发布日期	实施日期
1	工程测量规范	GB 50026－2007	2007.10.25	2008.5.1
2	工程测量基本术语标准	GB/T 50228－2011	2011.7.26	2012.6.1
3	国家三、四等水准测量规范	GB/T 12898－2009	2009.5.6	2009.10.1
4	全球定位系统 GPS 测量规范	GB/T 18314－2009	2009.2.6	2009.6.1
5	全球定位系统实时动态测量（RTK）技术规范	CH/T 2009－2010	2010.3.31	2010.5.1
6	国家基本比例尺地图图式　第 1 部分：1:500 1:1000 1:2000 地形图图式	GB/T 20257.1－2007	2007.8.30	2007.12.1
7	城市测量规范	CJJ 8－2011	2011.11.22	2012.6.1
8	房产测量规范	GB/T 17986.1－2000	2000.2.22	2000.8.1
9	建筑变形测量规范	JGJ 8－2007	2007.9.4	2008.3.1
10	公路勘测规范	JTG C 10－2007	2007.4.13	2007.7.1
11	公路勘测细则	JTG/T C 10－2007	2007.4.13	2007.7.1
12	测绘成果质量检查与验收	GB/T 24356－2009	2009.9.30	2009.12.1
13	高程控制测量成果质量检验技术规程	CH/T 1021－2010	2010.11.26	2011.1.1
14	平面控制测量成果质量检验技术规程	CH/T 1022－2010	2010.11.26	2011.1.1
15	测绘作业人员安全规范	CH 1016－2008	2008.2.13	2008.3.1

【能力测试】

1. 测得某段圆弧半径 R=20m，圆心角 α=45°，试完成下面弧长计算。

$$L = \frac{R\alpha}{\rho°}$$ _____

2. 说明测量记录计算在以下方面的要求。

回报读数_____

涂改数据_____

数据凑整_____

3. 简述测量误差的分类，以及减小和消除测量误差的措施。

4. 对某段距离等精度丈量了 5 次，其观测值分别为：116.276m、116.278m、116.272m、116.270m、116.280m，试求其算术平均值及相对误差。

【实践活动】

1. 实训组织：学习本任务后，独立完成表 1-6、表 1-7 的计算。

2. 实训时间：2 学时。

3. 实训工具：计算器、铅笔。

项目 2
高程控制测量

【项目概述】

　　为了进行各种比例尺的测图和工程放样，需要建立平面控制网和高程控制网。高程控制测量的任务，就是在测区布设一批高程控制点，即水准点，按规定的精度测定它们的高程，构成高程控制网。高程控制通常采用水准测量的方法施测。

　　本项目主要包括四个内容：一是高程观测；二是水准仪的检验与校正；三是图根级水准测量；四是三、四等水准测量（拓展）。

　　本项目以布测高程控制网为例，着重介绍水准测量在实际工作中的应用。

【学习目标】

　　通过本项目的学习，你将能够：
　　（1）认知高程控制网的布设和水准测量的基本原理；
　　（2）会使用 DS₃ 微倾式水准仪、自动安平水准仪；
　　（3）会水准测量的外业实施（观测、记录和检核）及内业数据处理；
　　（4）能参与四等水准测量（拓展）。

任务 2.1　高程控制测量准备工作

【任务描述】

　　高程控制网是大地控制网的一部分，是用水准测量方法建立，一般采用从整体到局部，逐级建立控制的原则，按次序与精度分为一、二、三、四等水准测量。在测区布设一批高程控制点，即水准点，构成高程控制网。

一、任务内容

认识高程控制测量，掌握相关概念，在测区布设高程控制点形成一条闭合或附合水准路线，做好点之记，填写表 2-1。

_____ 等水准点之记 　　　　　　　　　　　　　表 2-1

测区：

点名		等级		概略坐标		
所在地				地类		类别	
点位略图				点位说明		
标石断面图				选点及埋石情况		
				组　号		
				选点员		
				埋石员		
				记录员		
				记录日期		

二、相关规范

《工程测量规范》GB 50026-2007

【任务实施】

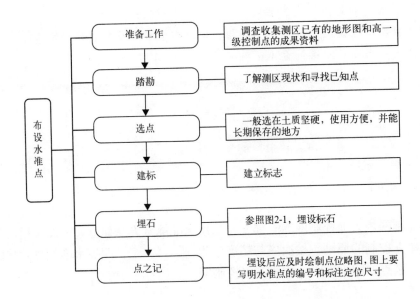

【学习支持】

一、认识高程控制测量

1.高程控制测量的任务：在测区布设一批高程控制点，即水准点，用精确方法测定它们的高程，构成高程控制网。

2.高程控制测量的方法：水准测量和三角高程测量。

3.高程基准面：大地水准面。

4.基准点，即水准原点：我国规定自 1989 年起一律采用"1985 国家高程基准"，以这个基准测定的青岛水准原点高程为 72.260m。

5.水准测量主要技术要求（表 2-2）。

水准测量主要技术要求 表 2-2

等 级	每公里高差中误差（mm）	路线长度（mm）	水准仪的型号	水准尺	观测次数		往返较差、附合或环线闭合差	
					与已知点联测	附合路线或环线	平地（mm）	山地（mm）
二等	2	—	DS$_1$	因瓦	往返各一次	往返各一次	$4\sqrt{L}$	—
三等	6	≤ 50	DS$_1$	因瓦	往返各一次	往一次	$12\sqrt{L}$	$4\sqrt{n}$
			DS$_3$	双面		往返各一次		
四等	10	≤ 16	DS$_3$	双面	往返各一次	往一次	$20\sqrt{L}$	$6\sqrt{n}$
五等	15	—	DS$_3$	单面	往返各一次	往一次	$30\sqrt{L}$	—
图根	20	≤ 5	DS$_{10}$		往返各一次	往一次	$40\sqrt{L}$	$12\sqrt{n}$

二、水准点及水准路线

（一）水准点

1.概念

水准点（Bench Mark）是用水准测量的方法测定的高程控制点，以 *BM* 表示。水准点是水准测量引测高程的依据。

2.分类

水准点分为永久性和临时性两种，如图 2-1 所示。

3.踏勘选点及建立标志

在踏勘选点之前，应调查收集测区已有的地形图和高一级控制点的成果资料，然后到现场踏勘，了解测区现状和寻找已知点。根据已知控制点的分布、测区地形条件和测图及工程要求等具体情况，在测区原有地形图（或测区简图、示意图）上拟定水准点的布设方案，最后到实地去踏勘，核对、修改、落实点位和建立标志。选点时应注意下列事项：埋设水准点一般选在土质坚硬，使用方便，并能长期保存的地方。埋设后应及时绘制点位略图,图上要写明水准点的编号和标注定位尺寸,称为点之记,以便日后寻找与使用。

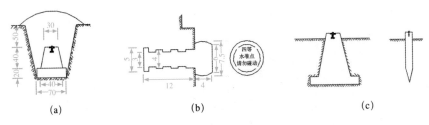

图 2-1 水准点分类(cm)
(a)永久水准点; (b)墙上水准点; (c)临时水准点

(二)水准路线

1.闭合水准路线

如图 2-2 所示,从已知水准点 BM_A 出发,沿待定高程点 1、2、3、4 进行水准测量,最后回到原来的水准点 BM_A 的水准路线,称为闭合水准路线。

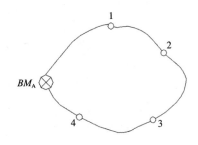

图 2-2 闭合水准路线

2.附合水准路线

如图 2-3 所示,从已知水准点 BM_A 出发,沿待定高程点 1、2、3、4 进行水准测量,最后附合到另一已知水准 BM_B 上的水准路线,称为附合水准路线。

图 2-3 附合水准路线

3.支线水准路线

如图 2-4 所示,从已知水准点 BM_A 出发,沿待定高程点 1、2、3 进行水准测量,最终既不闭合又不附合的水准路线,称为支线水准路线。支线水准路线要进行往、返测量。

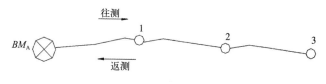

图 2-4　支线水准路线

【知识拓展】

一、国家高程控制网

国家高程控制网是用精密水准测量方法建立的，所以又称国家水准网。如图 2-5 所示，国家水准网的布设是采用从整体到局部、由高级到低级、分级布设逐级控制的原则。国家水准网分为一、二、三、四共 4 个等级。一等水准网是沿平缓的交通路线布设成周长约 1500km 的环形路线，是精度最高的高程控制网，它是国家高程控制的骨干，同时也是地学科研工作的主要依据。二等水准网是布设在一等水准环线内，形成周长为 500 ~ 750km 的环线，它是国家高程控制网的全面基础。三、四等级水准网是直接为地形测图或工程建设提供高程控制点。三等水准一般布置成附合在高级点间的附合水准路线，长度不超过 200km。四等水准均为附合在高级点间的附合水准路线，长度不超过 80km。

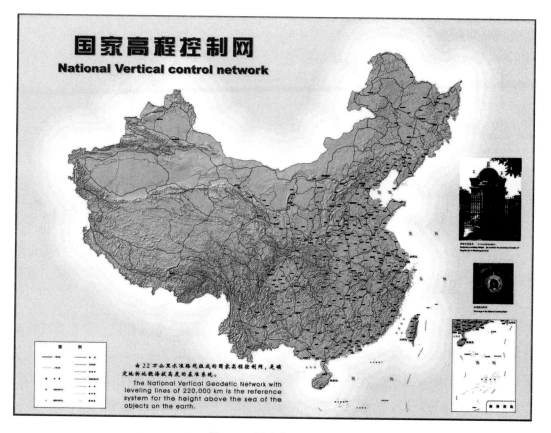

图 2-5　国家高程控制网

二、小地区控制网

小地区高程控制网也应视测区面积大小和工程要求采用分级的方法建立。《工程测量规范》规定，高程控制网的等级分为二、三、四、五等水准及图根水准。根据测区大小，各等级水准均可作为测区的首级高程控制。首级网应布设成环形路线，加密时宜布设成附合路线或结点网。独立的首级网，应以不低于首级网的精度与国家水准点联测。水准点应有一定的密度。水准点间的距离，一般地区应为 1 ~ 3km，工业厂区、城镇建筑区宜小于 1km。但一个测区至少应设立 3 个水准点，埋设后应绘制点之记。水准观测须待埋设的水准点稳定后方可进行。

【能力测试】

何为水准路线？水准测量路线类型有哪些？

【实践活动】

以小组为单位，采用相关工具在测区布设高程控制点形成一条闭合或附合水准路线。

1. 实训组织：每个小组 4 ~ 6 人，每组选 1 名组长，按工作进行任务分工，并在工作中轮换分工，熟悉各项工作。
2. 实训时间：2 学时。
3. 实训工具
(1) DS_3 水准仪 1 台、水准尺、尺垫、记录表格、记录板 1 块
(2) 伞、计算器、铅笔

任务 2.2　高程观测

【任务描述】

高程是确定地面点的基本要素，所以高程测量是测量的基本工作之一。高程测量的目的是获得点的高程，一般是直接测得两点间的高差，然后根据一点的已知高程，推算另一点的高程。

确定地面点高程的测量工作称为高程测量。一点的高程一般是指这点沿铅垂线方向到大地水准面的距离，又称海拔或绝对高程。

一、任务内容

以小组为单位，采用水准仪测定选定点高程，完成表 2-3。

水准仪测定选定点高程　表 2-3

点号	后视读数（m）	前视读数（m）	高差（m）	高程（m）	说明
BM_1					水准点
P					待测点

二、相关规范

《工程测量规范》GB 50026-2007

【任务实施】

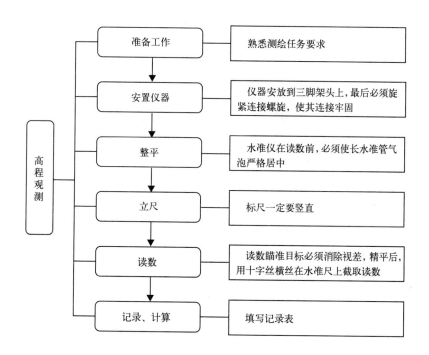

【学习支持】

一、水准测量的仪器及工具

水准测量仪器和工具主要有：水准仪、水准尺、尺垫。

微倾式水准仪主要由望远镜、水准器和基座三部分组成。

1. 望远镜

（1）主要用途：瞄准目标并在水准尺上读数。

（2）组成：1- 物镜、2- 目镜、3- 对光透镜、4- 十字丝分化板、5- 物镜对光螺旋，如图 2-6 所示。

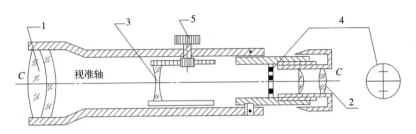

图 2-6　望远镜

2. 水准器

特性：气泡始终向高处移动。

（1）圆水准器：用于整平，如图 2-7 所示。

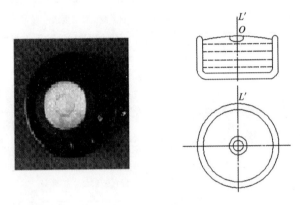

图 2-7　圆水准器

圆水准器是一个密封的玻璃圆盆，盆内装有酒精或乙醚类的液体，并留有小气泡。当气泡居中时（气泡中心与零点重合）时，圆水准器轴处于铅垂位置。由于它的精度较低，故只用于仪器的概略整平。

（2）管水准器：用于精平，如图 2-8 所示。

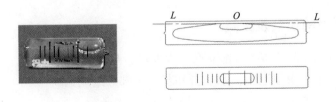

图 2-8　管水准器

管水准器又称水准管，它是一个两端密封的玻璃管，玻璃管上部内壁的纵向按一定半径磨成圆弧，管内装有酒精和乙醚的混合液，加热融封冷却后留有一个气泡。当水准管气泡居中（气泡的中心位于零点）时，水准管轴处于水平位置。由于水准管的精度高，可以用来置平视准轴。

（3）符合水准器：为了提高水准管气泡居中的精度，DS3 水准仪采用符合水准器，如图 2-9 所示。

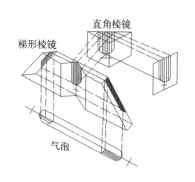

图 2-9　符合水准器

3. 基座

基座的作用是支承仪器的上部，并通过连接螺旋与三脚架连接。它主要由轴座、脚螺旋、底板和三脚压板构成。转动脚螺旋，可使圆水准气泡居中，如图 2-10 所示。

二、高程测量方法

测定地面点高程的工作称为高程测量。按使用的仪器和施测方法的不同，高程测量可分为水准测量、三角高程测量、物理高程测量、GPS 高程测量等。水准测量是高程中最常用和精度较高的一种方法，建筑施工中通常采用水准测量来测定点位的高程。

图 2-10　基座

（一）水准测量

水准测量又称为几何水准测量，它是利用水准仪提供的水平视线测定两点间的高差，进而求得测点高程的方法。它是高程测量中最基本、精度最高的一种方法，在国家高程控制测量、工程勘察和施工放样中得到广泛应用。

（二）水准测量原理

利用水准仪提供的一条水平视线，将其安置在两点中间位置上，按水平视线位置读出竖立在两点尺上的读数，直接测出两立尺点之间的高差。如果一点高程已知，可推算求得另一点的高程。

三、水准测量的方法步骤

1. 方法：高差法。

2. 步骤

（1）如图 2-11 所示，首先在 A 点立水准尺，在两点中间处安置水准仪，让另一扶尺员在 B 点立尺。

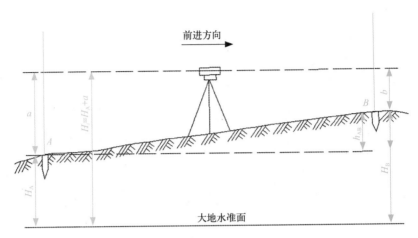

前进方向

图 2-11　水准测量原理

（2）读后视 A 点水准尺，得到后视读数 a，再读前视 B 点水准尺，得前视读数 b，记入水准测量外业记录手簿中，用后视读数减去前视读数得到高差，记入高差栏内。

3. 结论

（1）$h_{AB} = a - b$　　　　　　　　　　　　　　　　　　　　　　（2-1）

　　　$H_B = H_A + h_{AB}$　　　　　　　　　　　　　　　　　　（2-2）

（2）前进方向：已知点到未知点

（3）两点间的高差 = 后视读数 − 前视读数

【例 2-1】设 A 为后视点，B 为前视点，A 点高程为 1987.452m，当后视读数为 1.663m，前视读数为 1.267m 时，试用高差法求 A、B 两点高差及 B 点高程。

【解】$h_{AB} = a - b = 1.663 - 1.267 = 0.396$m

　　　$H_B = H_A + h_{AB} = 1987.452 + 0.396 = 1987.848$m

答：A、B 两点高差为 0.396m，B 点高程为 1987.848m。

四、水准仪的使用

水准仪使用的基本程序为安置仪器、粗略整平、调焦和照准、精确整平和读数。

1. 安置水准仪

打开三脚架并使其高度适中，目估使架头大致水平，然后将三脚架尖踩入土中，将水准仪用中心螺旋固定于三脚架头上。

（1）打开三脚架

注意脚架的高度，保持架头大致水平，将脚尖踩实。

（2）安放仪器

注意仪器箱内位置，随手关上仪器箱，立即旋上连接螺旋。

2. 粗略整平（粗平）

水准仪安置时，按"左手拇指规则"，先用双手同时反向旋转一对脚螺旋，使圆水准器气泡移至中间，再转动另一只脚螺旋使气泡居中，如图 2-12 所示。

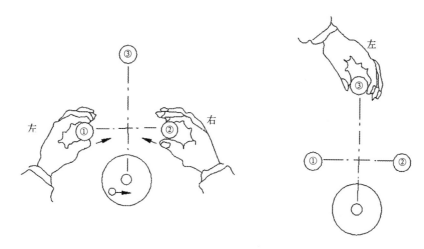

图 2-12　圆水准器整平

3. 调焦和照准

（1）目镜调焦（对光）：调节目镜对光螺旋，使十字丝清晰。

（2）概略照准（粗瞄）：先松开制动螺旋，转动望远镜，用望远镜上的准星和照门瞄准水准尺，然后旋紧制动螺旋。

（3）物镜调焦：转动物镜调焦螺旋，使水准尺成像清晰。

（4）精确照焦：转动微动螺旋，使十字丝纵丝照准水准尺边缘或中央。利用横丝的中央部分截取水准尺读数。

（5）消除视差：眼睛在目镜端微微上下移动，若发现十字丝和标尺的影像有相对移动，十字丝的横丝在水准尺上的读数也随之变动，这种现象称为视差。产生视差的原因是目标成像的平面与十字丝分划板平面不重合。

消除视差的办法是仔细调节物镜和目镜的对光螺旋，直至物像平面与十字丝平面重合，视差消除。

4. 精平

转动微倾螺旋，使符合水准器气泡两端的像吻合。注意微倾螺旋转动方向与符合水准管左侧气泡移动方向的一致性。每次读数前要查看是否处于精平状态，如图 2-13 所示。

5. 读数

精平后，立即用十字丝中丝在水准尺上截取读数。无论成倒像或正像的望远镜在读数时，都应从小往大读，先估读毫米，然后直接读出米、分米、厘米。

读数后还需检查气泡影像是否仍然吻合，若不吻合，应重新精平和读数。

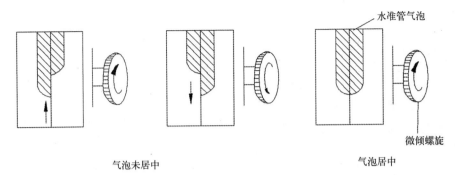

水准管气泡

微倾螺旋

气泡未居中　　　　　　　　　　　气泡居中

图 2-13　符合水准器气泡

【知识拓展】

其他测量高程的方法

（一）三角高程测量

利用经纬仪测量倾角，按三角函数解算出测点高程的方法。该方法精度不高，适于在山区进行低精度的高程测量。

（二）气压高程测量

该方法是根据大气压力随高度变化的规律，用气压计测定两点的气压差，推算高程的方法。其测量精度较低。

（三）GPS 高程测量

利用全球定位系统（GPS）测量技术直接测定地面点的大地高，或间接确定地面点的正常高的方法。

【能力拓展】

用视线高法测定指定点高程

1. 方法：视线高法（仪高法）

2. 步骤

如图 2-14 所示，根据水准仪的视线高程 H_i，可计算出 B 点高程。

视线高程 $\qquad\qquad\qquad\qquad H_i = H_A + a$ $\qquad\qquad$ (2-3)

B 点高程 $\qquad\qquad\qquad\qquad H_B = H_i - b$ $\qquad\qquad$ (2-4)

【例 2-2】设 A 为后视点，B 为前视点，A 点高程为 1987.452m，当后视读数为 1.663m，前视读数为 1.267m 时，试用视线高法求 A、B 两点高差及 B 点高程。

【解】$H_i = H_A + a = 1987.452 + 1.663 = 1989.115$m

$\qquad H_B = H_i - b = 1989.115 - 1.267 = 1987.848$m

$\qquad h_{AB} = H_B - H_A = 1987.848 - 1987.452 = 0.396$m

答：A、B 两点高差为 0.396m，B 点高程为 1987.848m。

【能力测试】

在表 2-4 中填入如图 2-14 所示的水准仪各操作部件的名称及作用。

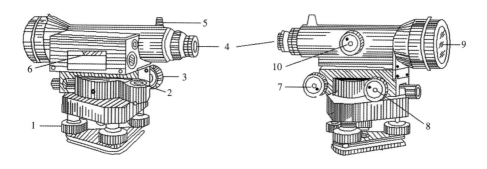

图 2-14　水准仪各部件名称

表 2-4

序号	操作部件	作用
1		
2		
3		
4		
5		
6		
7		
8		
9		
10		

【实践活动】

以小组为单位，采用水准仪测定地面两点间的高差，每人轮流观测两次并记录、计算，完成任务。

1. 实训组织：每个小组 4～6 人，每组选 1 名组长，按观测、记录、计算、立尺等工作进行任务分工，并在工作中轮换分工，熟悉各项工作。

2. 实训时间：2 学时。

3. 实训工具

（1）DS$_3$ 水准仪 1 台、水准尺、尺垫、记录表格、记录板 1 块

（2）伞、计算器、铅笔

任务 2.3   水准仪的检验与校正

【任务描述】

水准仪出厂前都经过严格检查，均能满足条件，但由于长期使用和运输中的振动等影响，轴线间的关系会受到破坏，因此要定期对水准仪进行检验校正。

一、任务内容

以小组为单位，各小组在规定的时间内能完成水准仪圆水准器、十字丝横丝、水准管平行于视准轴（i 角）三项基本检验，并完成表 2-5。

水准仪的检验与校正 表 2–5

仪器号码：_____ 检验者：_____ 日期：_____年_____月_____日

检验项目	检验与校正过程			
	用虚线圆标示气泡位置			
圆水准仪的检验	仪器整平后	仪器旋转 180° 后	用脚螺旋调整后	用校正针校正后
十字丝横丝的检验	检验初始位置 （用 ● 标示目标在视场中的位置） 	检验终了位置 （用 ● 标示目标在视场中的位置，并用虚线表示目标移动的路径） 		
i 角的检验	仪器安置在 A、B 两点的中间 第一次观测：$a_1=$ 　　　　　　$b_1=$ 第一次观测：$a_1'=$ 　　　　　　$b_1'=$ 平均高差：$h_1=\dfrac{1}{2}(a_1-b_1+a_1'-b_1')=$	仪器安置在 A 点的附近 （1）检验角 i 　$a_2=$ 　$b_2=$ 　$h_2=a_2-b_2=$ 　$b_2'=a_2-h_1=$ 　$i=\dfrac{b_2'-b_2}{D_{AB}}\rho''=$	（2）校正后角 i 　$a_2=$ 　$b_2=$ 　$h_2=a_2-b_2=$ 　$b_2'=a_2-h_1=$ 　$i=\dfrac{b_2'-b_2}{D_{AB}}\rho''=$	

二、相关规范

《工程测量规范》GB 50026－2007

【任务实施】

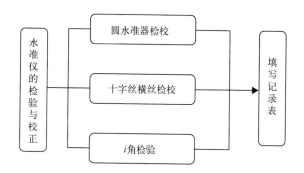

【学习支持】

一、水准仪的轴线关系

如图 2-15 所示，微倾式水准仪有四条主要轴线：望远镜视准轴 CC、水准管轴 LL、圆水准器轴 $L'L'$ 和仪器竖轴 VV。水准仪的主要轴线间应满足以下条件：$L'L' /\!/ VV$，横丝 $\perp VV$，$LL /\!/ CC$。

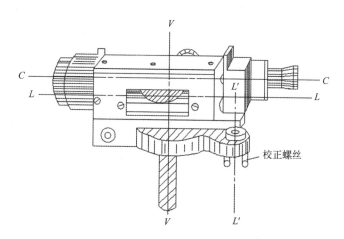

图 2-15　水准仪主要轴线

二、水准仪的检验和校正

（一）圆水准器的检验和校正

1. 原理：水准仪竖轴平行于圆水准器轴。

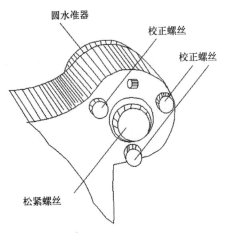

图 2-16　圆水准器校正螺丝

2. 检验

（1）安置仪器，转动脚螺旋使圆水准器气泡居中。

（2）转动望远镜180°，若气泡居中，则说明条件满足，否则需要校正。

3. 校正

转动脚螺旋使气泡退回偏离值的一半。松开圆水准器背面中心固紧螺丝，如图 2-16 所示，按照圆水准器粗平的方法，用校正针拨动相邻两个校正螺丝，再拨动另一个校正螺丝，使气泡居中。反复以上检校几次，直到仪器转到任何位置气泡均居中为止，然后将圆水准器的中心固紧螺丝拧紧。

（二）十字丝横丝的检验和校正

1. 原理：水准仪竖轴垂直十字丝横丝。

2. 检验：如图 2-17 所示用十字丝横丝一端对准远处一明显标志点，拧紧制动螺旋。缓缓水平转动微动螺旋，如果标志点始终沿着横丝移动，说明十字丝横丝与竖轴垂直，不需校正，否则需要校正。

3. 校正

（1）松开十字丝分划板座的固定螺丝，如图 2-18 所示。

（2）转动十字丝环，使十字丝横丝末端点与标志点重合，然后拧紧固定螺丝。

此项误差不明显时，可不进行校正，在作业中可利用横丝的中央部分读数，以减少该项误差的影响。

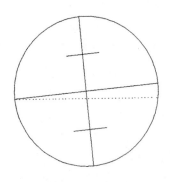

图 2-17　十字丝横丝检验

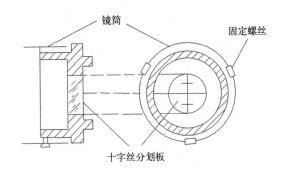

图 2-18　十字丝分划板固定螺丝

（三）水准管轴平行于视准轴的检验与校正

1. 原理：水准管轴平行于视准轴。

2. 检验

（1）如图 2-19 所示，在一相对平坦地面上，选择 A、B 两点各打一木桩，使其间距为 80 ~ 100m，用钢尺量出 AB 中点 C，将仪器置于中点 C 处，在 A、B 两点竖立水准尺。

（2）使用双仪高法两次测定 A、B 点的高差。当两次高差的较差不大于 3mm 时，取其平均值 h_{AB} 作为两点高差的正确值。

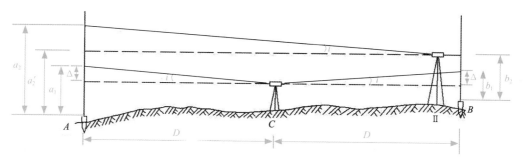

图 2-19　水准管轴检验

（3）将仪器移至离 B 点 2 ~ 3m 处，精平仪器，读出 B 点尺上的读数 b_2。于是，可根据已知高差 H_{AB} 和读数 b_2，计算求得视线水平时的后视应读数 a_2'，即 $a_2'=b_2+h_{AB}$。

（4）将望远镜照准 A 点水准尺，精平后读得读数 a_2，如果 $a_2 = a_2'$，说明两轴平行。否则，存在 i 角，其值为：

$$i=\frac{|a_2-a_2'|}{D_{AB}}\rho''$$

(2-5)

式中：D_{AB} 为 AB 两点间的平距；$\rho'' = 206265''$。

用于三四等水准测量的仪器 i 角不得大于 $20''$，若大于 $20''$，则须校正。

3. 校正

（1）转动微倾螺旋，使十字丝的横丝对准 A 点尺上应读数 a_2'，此时视准轴处于水平位置，而水准管气泡却偏离了中心。

（2）如图 2-20 所示，用校正针先松动水准管一端的左右两个校正螺丝，再一松一紧调节上下两个校正螺丝，使水准管气泡居中（符合），最后旋紧左右两个校正螺丝。

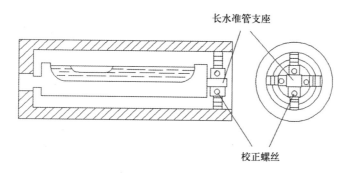

图 2-20　水准管轴校正

（3）此项检验校正应反复进行，直至达到要求为止。

【知识拓展】

一、自动安平水准仪的检验与校正

自动安平水准仪在使用前也要进行检验与校正，方法与微倾式水准仪的检验与校正基本相同。另外还要检验补偿器的性能，其方法是先在水准尺上读数，然后稍许微动目镜或物镜下面的脚螺旋，再次读数，如果两次读数相等，则说明补偿器的性能良好，否则需专业人员修理。

二、水准仪的检定

水准仪在使用过程中除了常规检验和校正以外，还要定期送到当地的计量鉴定部门进行检定。水准仪检定周期根据环境条件和使用频率而定，一般不超过一年，只有检定合格的水准仪才能用于工程测量。

三、水准测量误差

（一）测量误差产生的原因

1. 人的影响

由于观测者感觉器官的鉴别能力有限，使得在安置仪器、瞄准目标及读数等方面均会产生误差。

2. 仪器及工具的影响

测量仪器和工具的精密度及仪器本身校正不完善等，都会使观测结果受到影响，不可避免地存在误差。

3. 外界条件

在观测过程中由于外界条件（如温度、湿度、风力、阳光照射等因素）的变化，必然给观测结果带来误差。

（二）水准测量误差分析

水准测量误差包括仪器误差、观测误差及外界条件的影响，详见表2-6。

水准测量主要误差分析表　　　　　　　　　　表2-6

水准测量主要误差		误差产生的原因	处理方法
仪器误差	水准仪误差	水准管轴与视准轴不平行	观测时使前后视距相等
	水准尺尺长误差	水准尺尺长变化、尺身弯曲、尺分划不准确	对水准尺进行检验，选用合格的水准尺
	水准尺零点误差	水准尺底部磨损	设偶数站

续表

水准测量主要误差		误差产生的原因	处理方法
观测误差	水准管气泡居中误差	水准管气泡未居中	使管气泡严格居中，并选用有符使水准器的水准仪
	读数误差	估读毫米数引起	缩短距离，提高望远镜放大率
	视差	目标成像的平面与十字丝分划板平面不重合	仔细调节物镜和目镜对光螺旋
	水准尺倾斜误差	水准尺未立直	将水准尺立直
外界条件的影响	仪器下沉误差	在松土上安置仪器，仪器下沉	采用后前前后的观测程序
	尺垫下沉误差	尺垫下沉	采用往返观测
	地球曲率及大气折光误差	地球曲率及大气折光	观测时使前后视距相等
	温度变化误差	温度变化	选择有利的观测时间，撑伞

【能力测试】

1. 将仪器绕竖轴旋转_____后，观察气泡的位置，若圆气泡仍居中，说明仪器的圆水准轴 $L'L' // $ 竖轴 VV。

2. 圆水准器校正方法：用脚螺旋校正偏离长度的_____，使气泡向中央移动一半，再用圆水准器下面的三个"校正螺丝"校正另一半，使气泡居中，反复检验与校正。

3. 十字丝横丝校正方法：打开目镜端护盖，旋下目镜处十字丝环外罩，松动固定螺丝后，转动_____"校正螺丝"旋转十字丝分划板到正确位置，反复检验与校正。

4. 当 $i > $_____时，需要进行水准管轴平行于视准轴的校正。

【实践活动】

以小组为单位，在规定的时间内能完成水准仪圆水准器、十字丝横丝、水准管平行于视准轴（i 角）三项基本检验。

1. 实训组织：每个小组 4～6 人，每组选 1 名组长，按观测、记录、计算等工作进行任务分工，并在工作中轮换分工，熟悉各项工作。

2. 实训时间：4 学时。

3. 实训工具

（1）DS_3 水准仪 1 台、水准尺、尺垫、记录表格、记录板 1 块

（2）伞、计算器、铅笔

任务 2.4 图根级水准测量

【任务描述】

测量图根平面控制点高程的工作，称为图根高程测量。它是在国家高程控制网或地区首级高程控制网的基础上，采用图根水准测量或图根三角高程测量来进行的。通过本工作任务的学习，读者能够掌握图根级水准测量原理和方法，能采用双仪器高进行测量，能进行闭合和附合水准路线测量的计算和校核。

一、任务内容

各小组在规定的时间内独立完成指定闭合水准路线图根级水准测量，要求在指定测区水准路线上测出指定水准点的高程，每组按测量规范完成指定闭合水准路线图根级水准测量的外业和内业工作。技术要求参见表 2-2，现场进行内业计算，并提交计算成果，如表 2-7 所示。

水准测量记录计算手簿　　　　　　　　　　表 2-7

测站	测点	水准尺读数		高差（m）	平均高差（m）	改正数（mm）	改正后高差（m）	高程（m）	备注
		后视读数（m）	前视读数（m）						
Σ									
计算检核									

二、相关规范

《工程测量规范》GB 50026–2007

【任务实施】

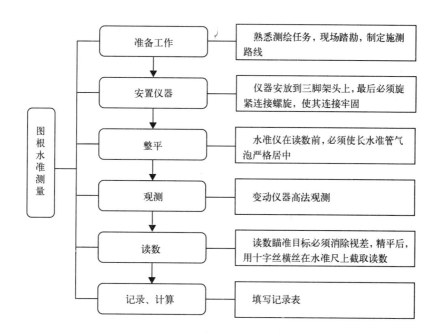

【学习支持】

一、水准测量的施测

1. 变动仪器高法（双仪器高法）

变动仪器高法是指在同一个测站上用两个不同的仪器高度两次测定高差进行检核，即第一次测定高差后，变动仪器高度（大于 0.1m 以上），再次测定高差。若两次测得的高差之差的绝对值不超过 5mm（四等水准测量），则取两次高差的平均值作为该测站的观测高差，否则需重测。表 2-8 为变动仪器高法水准测量记录手簿。

变动仪器高法水准测量记录手簿   表 2–8

测站	测点	水准尺读数（m）		高差 （m）	平均高差 （m）	高程 （m）	备注
		后视	前视				
1	BM_A	2.043		0.921 0.923	0.992	1672.302	
		1.915					
	TP_1		1.122				
			0.992				

测站	测点	水准尺读数（m）		高差（m）	平均高差（m）	高程（m）	备注
		后视	前视				
2	TP_1	1.878		1.024	1.023		
		1.981		1.022			
	TP_2		0.854				
			0.959				
3	TP_2	1.646		0.934	0.934		
		1.815		0.934			
	B		0.712			1675.181	
			0.881				
计算检核	$\Sigma a = 11.278$ $\Sigma b = 5.52$ $\Sigma a - \Sigma b = 5.758$		$\Sigma h = 5.758$	$\frac{1}{2}\Sigma h = 2.879$	$H_终 - H_始 = 2.879$		

2. 双面尺法

双面尺法是指在同一测站上，仪器高度不变，分别用双面水准尺的黑面和红面两次测定高差进行检核。若两次测得的高差之差的绝对值不超过 5mm（四等水准测量），则取两次高差的平均值作为该测站的观测高差，否则需重测。

二、水准测量的检核

1. 闭合水准路线

闭合水准路线各段高差代数和的理论值应等于零（$\Sigma h_理 = 0$），但由于测量误差不可避免，使路线各段观测高差的代数和不等于零（$\Sigma h_理 \neq 0$），其差值称为高差闭合差，用 f_h 表示，即：

$$f_h = \Sigma h_测 \tag{2-6}$$

2. 附合水准路线

附合水准路线上各段高差代数和的理论值应等于两个水准点间的已知高差（$\Sigma h_测 = H_终 - H_始$），由于测量含有误差，使各段观测高差的代数和不等于理论值（$\Sigma h_测 \neq \Sigma h_理$），其差值为高差闭合差，即：

$$f_h = \Sigma h_测 - (H_终 - H_始) \tag{2-7}$$

3. 支水准路线

支水准路线因无检核条件，通常用往、返测量方法进行路线成果的检核。支水准路线往测高差与返测高差代数和的理论值应等于零（$\Sigma h_理 = 0$），若不等于零，其差值为高差闭合差，即：

$$f_h = \Sigma h_测 + \Sigma h_返 \tag{2-8}$$

三、闭合水准路线水准测量的内业计算

闭合水准路线测量可以沿顺时针方向进行，也可以沿逆时针方向进行。

1. 填写观测数据

将点号、测站数、实测高差及已知高程依次填入表内。

2. 计算高差闭合差和容许闭合差 $f_h = \Sigma h_测$

$|f_h| < |f_{h容}|$，其精度符合要求，可以调整高差闭合差。

3. 高差闭合差的调整

高差闭合差调整的原则和方法是将高差闭合差按测站数（或测段长度）成正比例，并改变其正负号，再分配到各相应测段的高差上，得改正后高差。

$$v_i = \frac{-f_h}{\Sigma n} n_i \tag{2-9}$$

或

$$v_i = \frac{-f_h}{\Sigma l} l_i \tag{2-10}$$

检核：

$$\Sigma v = -f_h = 0 \tag{2-11}$$

4. 计算改正后高差

各测段改正后的高差等于实测高差加上相应的改正数，即

$$h_{i改} = h_{i测} + v_i \tag{2-12}$$

检核：

$$\Sigma h_改 = 0 \tag{2-13}$$

5. 计算待定点的高程

从已知水准点开始，逐一加上各测段改正后高差，即得各待定点高程。

检核：

$$H_{A推算} = H_{A已知} \tag{2-14}$$

【例 2-3】完成表 2-9 的计算，表中斜体数字为已知数值。

【解】

（1）计算高差闭合差和容许闭合差

$$f_h = \Sigma h_测 = + 0.053\text{m}$$

$$f_{h容} = \pm 40\sqrt{L} = \pm 40\sqrt{9.5} = 123.28\text{mm}$$

$|f_h| < |f_{h容}|$，其精度符合要求，可以调整高差闭合差。

表 2-9

点号	距离 (km)	实测高差 (m)	改正数 (m)	改正后高差 (m)	高程 (m)	备注
BM_A					1924.383	已知
	1.8	4.673	-0.010	4.663		
1					1929.046	
	2.3	-3.234	-0.013	-3.247		
2					1925.799	
	3.4	5.336	-0.019	5.317		
3					1931.116	
	2.0	-6.722	-0.011	-6.733		
BM_A					1924.383	与已知点高程相等
Σ	9.5	+0.053	-0.053	0		
辅助计算	\multicolumn{6}{l}{$f_h = \Sigma h_测 = +0.053m$ $f_{h容} = \pm 40\sqrt{L} = \pm 40\sqrt{9.5} = 123.28mm$，$	f_h	<	f_{h容}	$，其精度符合要求}

（2）高差闭合差的调整，根据公式 $v_i = \dfrac{-f_h}{\Sigma l} l_i$，各测段高差改正数分别为：

$$v_1 = -\frac{0.053}{9.5} \times 1.8 = -0.010m$$

$$v_2 = -\frac{0.053}{9.5} \times 2.3 = -0.013m$$

$$v_3 = -\frac{0.053}{9.5} \times 3.4 = -0.019m$$

$$v_4 = -\frac{0.053}{9.5} \times 2.0 = -0.011m$$

检核：$\Sigma v = -f_h$

将各测段高差改正数分别填入表 2-9 相应改正数栏内

（3）计算改正后高差

各测段改正后的高差等于实测高差加上相应的改正数，即 $h_{i改} = h_{i测} + v_i$。

各测段改正后的高差为：

$$h_{1改} = h_{1测} + v_1 = +4.673 - 0.010 = +4.663m$$
$$h_{2改} = h_{2测} + v_2 = -3.234 - 0.013 = -3.247m$$
$$h_{3改} = h_{3测} + v_3 = 5.336 - 0.019 = 5.317m$$
$$h_{4改} = h_{4测} + v_4 = -6.722 - 0.011 = -6.733m$$

检核：$\Sigma h_改 = 0$（闭合水准路线改正后高差总和应等于零）

将各测段改正数分别填入表 2-9 中相应栏内。

（4）计算待定点的高程

从已知水准点 BM_A 的高程开始，逐一加上各测段改正后高差，即得各待定点高程，并填入表 2-9 相应栏内。例如：

$$H_1 = H_A + h_{1\text{改}} = 1924.383 + 4.663 = 1929.046 \text{m}$$

$$H_2 = H_1 + h_{2\text{改}} = 1929.046 + (-3.247) = 1925.799 \text{m}$$

$$H_3 = H_2 + h_{3\text{改}} = 1925.799 + 5.317 = 1931.116 \text{m}$$

$$H_A = H_3 + h_{4\text{改}} = 1931.116 + (-6.733) = 1924.383 \text{m}$$

检核：$H_{A\text{（推算）}} = H_{A\text{（已知）}}$（推算的 A 点高程 H_A 应等于该点的已知高程，若不相等，则说明高程计算有误）。

【知识拓展】

一、其他水准路线水准测量的内业计算

（一）附合水准路线

附合水准路线的计算方法与闭合水准路线的计算方法类似。其他计算步骤与闭合水准路线相同，只需在两个计算内容上加以区别。

1. 高差闭合差的计算公式为：$f_h = \Sigma h_{\text{测}} - (H_{\text{终}} - H_{\text{始}})$。

2. 改正后高差的检验公式为：$\Sigma h_{\text{改}} = H_{\text{终}} - H_{\text{始}}$。

（二）支水准路线

1. 计算高差闭合差和容许闭合差

2. 计算平均高差

3. 计算待定点高程

二、水准测量的注意事项

（一）观测

1. 观测前应认真按要求检验水准仪和水准尺；

2. 仪器应安置在土质坚实处，并踩实三脚架；

3. 前后视距应尽可能相等；

4. 每次读数前要消除视差，只有当符合水准气泡居中后才能读数；

5. 注意对仪器的保护，做到"人不离仪器"；

6. 只有当一测站记录计算合格后才能搬站，搬站时先检查仪器连接螺旋是否固紧，一手托住仪器，一手握住脚架稳步前进。

（二）记录

1. 用铅笔认真记录，边记边回报数字，准确无误的记入记录手簿相应栏中，严禁伪造和传抄；

2. 字体要端正、清楚，不准连环涂改，不准用橡皮擦，如按规定可以改正时，应在原数字上划线后再在上方重写；

3. 每站应当场计算，检查符合要求才能通知观测者搬站。

（三）扶尺

1. 扶尺人员认真竖立水准尺；

2. 转点应选择土质坚实处，并踩实尺垫；

3. 水准仪搬站时，应注意保护好原前视点尺垫位置不动。

【能力测试】

完成表 2-10 的图根水准的内业计算。

图根水准的内业计算   表 2-10

点号	距离（km）	实测高差（m）	改正数（m）	改正后高差（m）	高程（m）	备注
BM_A	1.8	4.673			1924.383	
1						
2	2.3	−3.234				
3	3.4	5.336				
BM_A	2.0	−6.722				
Σ						
辅助计算	$f_h =$ $f_{h容} =$					

【实践活动】

以小组为单位，各小组在规定的时间内独立完成指定闭合水准路线图根级水准测量。

1. 实训组织：每个小组 4 ~ 6 人，每组选 1 名组长，按观测、记录、计算、立尺等工作进行任务分工，并在工作中轮换分工，熟悉各项工作。

2. 实训时间：4 学时。

3. 实训工具

（1）DS_3 水准仪 1 台、水准尺、尺垫、记录表格、记录板 1 块

（2）伞、计算器、铅笔

任务 2.5   三、四等水准测量

【任务描述】

三、四等水准测量除用于国家高程控制网的加密外，还用于建立小地区首级高程控制网。三、四等水准点的高程一般应从附近的一、二等水准点引测，若测区内或附近没有国家一、二等水准点，可建立独立的首级高程控制网。首级高程控制网应布设成闭合水准路线。

三、四等水准测量是在小地区布设高程控制网的常用方法，它比工程水准测量有更

严格的技术规定，要求达到更高的精度，其关键在于：前后视距相等（在限差以内）；从后视转为前视（或相反）望远镜不能重新调焦；水准尺应完全竖直，最好用附有圆水准器的水准尺。

一、任务内容

以小组为单位，在规定的时间内按四等水准测量要求，独立完成指定闭合水准路线测量，每人轮流观测、记录、计算，现场进行内业计算，完成表 2-11。

三、四等水准测量记录表　　　　　　表 2-11

组别：　　　　　　　　　　　　　仪器号码：　　　　　　　　　年　月　日

测站编号	视准点	后视 上丝 下丝 后视距 视距差	前尺 上丝 下丝 前视距 Σ视距差	方向及尺号	水准尺读数 黑色面	水准尺读数 红色面	黑+K−红	平均高差	备注
		(1)	(4)	后	(3)	(8)	(14)		
		(2)	(5)	前	(6)	(7)	(13)	(18)	
		(9)	(10)	后−前	(15)	(16)	(17)		
		(11)	(12)						
				后					
				前					
				后−前					
				后					
				前					
				后−前					
				后					K 为尺长数
				前					
				后−前					
				后					
				前					
				后−前					
				后					
				前					
				后−前					
检核									

二、相关规范

《工程测量规范》GB 50026－2007

【任务实施】

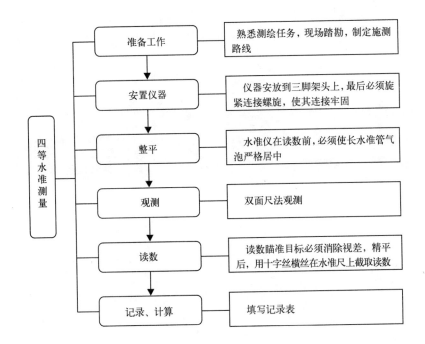

【学习支持】

（一）三、四等水准测量技术要求（表2-12）

三、四水准测量的主要技术要求   表 2-12

等　级	每公里高差中误差（mm）	路线长度（mm）	水准仪的型号	水准尺	观测次数		往返较差、附合或环线闭合差	
					与已知点联测	附合路线或环线	平地（mm）	山地（mm）
三 等	6	≤ 50	DS_1	因瓦	往返各一次	往一次	$12\sqrt{L}$	$4\sqrt{n}$
			DS_3	双面		往返各一次		
四 等	10	≤ 16	DS_3	双面	往返各一次	往一次	$20\sqrt{L}$	$6\sqrt{n}$

（二）三、四等水准测量的方法

双面尺法是三、四等水准测量在小地区布设高程控制网的常用方法，是在每个测站上安置一次水准仪，但分别在水准尺的黑、红两面刻画上读数，可以测得两次高差，进行测站检核。除此以外，还有其他一系列的检核。

1. 定义

仪器的高度不变，分别对双面水准尺的黑面和红面进行观测，这样可以利用前、后视的黑面和红面读数，分别算出两个高差。如果不符值不超过规定的限差，取其平均值作为该测站最后结果，否则须要重测。

2. 一个测站的观测程序

安置水准仪的测站至前、后视立尺点的距离，应该用步测使其相等。在每一测站，按下列顺序进行观测：

后视水准尺黑色面，读上、下丝读数，精平，读中丝读数；

前视水准尺黑色面，读上、下丝读数，精平，读中丝读数；

前视水准尺红色面，精平，读中丝读数；

后视水准尺红色面，精平，读中丝读数。

3. 记录、计算

在表 2-11 中按表头次序（1）～（8）记录各读数，（9）～（16）为计算结果。

后视距离(9)=100×{(1)-(5)}

前视距离(10)=100×{(4)-(5)}

视距之差(11)=(9)-(10)

Σ视距差(12)=上站(12)+本站(11)

红黑面差(13)=(6)+K-(7)　(K=4.687 或 4.787)

(14)=(3)+K-(8)

黑面高差(15)=(3)-(6)

红面高差(16)=(8)-(7)

高差之差(17)=(15)-(16)=(14)-(13)

平均高差(18)=1/2{(15)+(16)}

每站读数结束（(1)～(8)），随即进行各项计算（(9)～(16)），并按技术指标进行检验，满足限差后方能搬站。

（三）工作结果检核

1. 视距检核

前、后视距离差：三等水准测量不得超过 3m；四等水准测量不得超过 5m。

前、后视距累积差：三等水准测量不得超过 6m；四等水准测量不得超过 10m。

2. 同一水准尺红、黑面读数差的检核

K 为水准尺红、黑面常数差，一对水准尺的常数差 K 分别为 4.687 和 4.787。三等水准测量不得超过 2mm；四等水准测量不得超过 3mm。

3. 高差的计算和检核

三等水准测量中不得超过 3mm，四等水准测量不得超过 5mm。

【能力测试】

完成闭合水准路线四等水准测量的内业计算（表 2-13）。

闭合水准测量成果计算表（四等）   表 2-13

点号	测站数	水准路线长（km）	观测高差（m）	改正数（m）	改正后高差（m）	高程（m）	备注
BM_1						1972.210	已知
	24	1.4	−3.244				
1							
	14	0.8	5.380				
2							
	12	0.6	−2.120				
BM_1							
Σ							
辅助计算	$f_h =$ $f_{h容} = \pm 6\sqrt{n}$ mm						

【实践活动】

以小组为单位，各小组在规定的时间内独立完成指定闭合水准路线四等水准测量。

1. 实训组织：每个小组 4～6 人，每组选 1 名组长，按观测、记录、计算、立尺等工作进行任务分工，并在工作中轮换分工，熟悉各项工作。

2. 实训时间：4 学时。

3. 实训工具

（1）DS_3 水准仪 1 台、水准尺、尺垫、记录表格、记录板 1 块

（2）伞、计算器、铅笔

项目 3
平面控制测量

【项目概述】

　　为了限制误差的累积和传播，保证测图和施工的精度及速度，测量工作必须遵循"从整体到局部，先控制后碎部"的原则。即先进行整个测区的控制测量，再进行碎部测量。控制测量的实质就是测量控制点的平面位置和高程。其中，测定控制点的平面位置工作便是本项目的内容，称为平面控制测量。

【学习目标】

　　通过本项目的学习，你将能够：
（1）了解平面控制网的基本概念及其布设方法；
（2）掌握全站仪的基本操作；
（3）运用经纬仪或全站仪观测水平角，钢尺量距和直线定向；
（4）能完成图根级导线测量。

任务 3.1　平面控制测量准备工作

【任务描述】

　　测量工作必须遵循程序上"由整体到局部"，步骤上"先控制后碎部"，精度上"由高级至低级"的原则进行。所以，无论是地形测图还是施工放样，都必须进行整体的控制测量。控制测量包括平面控制测量和高程控制测量，在测区内建立平面控制网和高程控制网。控制网具有控制全局，限制测量误差累积的作用，是各项测量工作的依据。对于地形测图，等级控制是扩展图根控制的基础，以保证所测地形图能互相拼接成为一个整体。对于工程测量，常需布设专用控制网，作为施工放样和变形观测的依据。

平面控制测量前应做好相应的准备工作及外业工作包括：勘探选点、建立标志、导线边长测量、转折角测量以及连接测量等。本任务中的技能训练侧重于勘探选点和建立标志。

【学习支持】

相关规范

（1）《工程测量规范》GB 50026-2007

（2）《测绘成果质量检查与验收》GB/T 24356-2009

（3）《国家三角测量规范》GB/T 17942-2000

（4）《平面控制测量成果质量检验技术规程》CH/T 1022-2010

【任务实施】

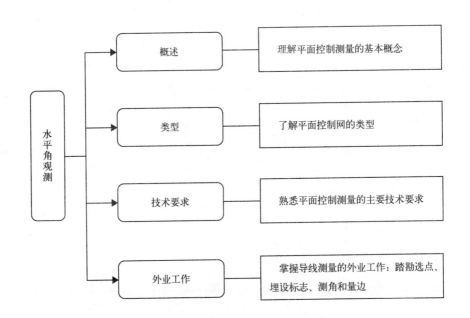

【学习支持】

一、平面控制网概述

在全国范围内建立的控制网，称为国家控制网，如图 3-1 所示。它是全国各种比例尺测图和工程建设的基本控制，同时也为空间科学、军事等提供点的坐标、距离及方位资料，也可用于地震预报和研究地球形状大小，并为确定地球的形状和大小提供研究资料。

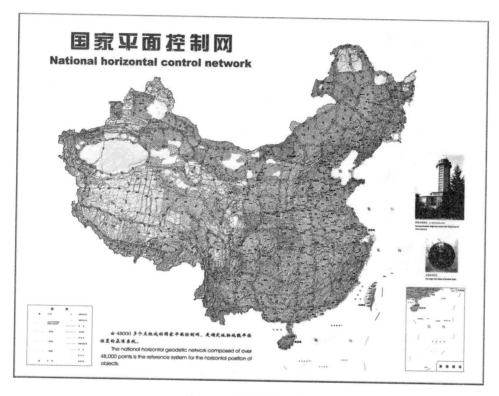

图 3-1　国家平面控制网

　　国家控制网是用精密测量仪器依照施测精度按一、二、三、四等 4 个等级建立的，它的低级点受高级点逐级控制。国家平面控制网主要布设成三角网，采用三角测量的方法。布设原则是从高级到低级，逐级加密布设。一等三角网，沿经纬线方向布设，一般称为一等三角锁，是国家平面控制网的骨干；二等三角网，布设在一等三角锁环内，是国家平面控制网的全面基础；三等、四等三角网是二等三角网的进一步加密，以满足测图和施工的需要，如图 3-2 和图 3-3 所示。在城市或厂矿等地区，一般应在上述国家控制点的基础上，根据测区的大小、城市规划和施工测量的要求，布设不同等级的城市平面控制网，以供地形测图和施工放样使用。

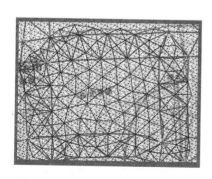

图 3-2　国家平面控制网局部放大图

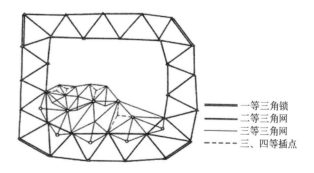

　　　　一等三角锁
　　　　二等三角网
　　　　三等三角网
- - - - 三、四等插点

图 3-3　国家平面控制网（三角网）

在城市，为测绘大比例尺地形图，进行市政工程和建筑工程放样，在国家控制网的控制下建立的控制网，称为城市控制网。

城市控制网的一般要求：

（1）城市平面控制网一般布设为导线网。

（2）城市高程控制网一般布设为二、三、四等水准网。

（3）直接供地形测图使用的控制点，称为图根控制点，简称图根点。

（4）测定图根点位置的工作，称为图根控制测量。

（5）图根控制点的密度（包括高级控制点），取决于测图比例尺和地形的复杂程度。

在面积小于 15km² 范围内建立的控制网，称为小地区控制网。建立小地区控制网时，应尽量与国家（或城市）的高级控制网联测，将高级控制点的坐标和高程，作为小地区控制网的起算和校核数据。如果不便联测时，可以建立独立控制网。在全测区范围内建立的精度最高的控制网，称为首级控制；直接为测图而建立的控制网，称为图根控制网。

直接供地形测图使用的控制点，称为图根控制点，简称图根点。测定图根点位置的工作，称为图根控制测量。图根点的密度（包括高级点），取决于测图比例尺和地物、地貌的复杂程度。至于布设哪一级控制作为首级控制，应根据城市或厂矿的规模。中小城市一般以四等网作为首级控制网。面积在 15km² 以内的小城镇，可用小三角网或一级导线网作为首级控制。面积在 0.5km² 以下的测区，图根控制网可作为首级控制。厂区可布设建筑方格网。

二、平面控制测量的主要技术要求

各级公路、桥梁、隧道及其他建筑物的平面控制测量等级应符合表 3-1 的规定。

平面控制测量等级　　　　　　　　表 3-1

等级	公路路线控制测量	桥梁桥位控制测量	隧道沿外控制测量
二等三角、一级 GPS	—	＞5000m 特大桥	＞6000m 特长隧道
三等三角、三等导线、二级 GPS	—	2000～5000m 特大桥	4000～6000m 特长隧道
四等三角、四等导线、三级 GPS	—	1000～5000m 特大桥	2000～4000m 特长隧道
一级小三角、一级导线、四级 GPS	高速公路、一级公路	500～1000m 特大桥	1000～2000m 中长隧道
二级小三角、二级导线	二级以下公路	＜500m 大中桥	1000m 隧道
三级导线	三级及三级以下公路	—	—

三角测量的技术要求应符合表 3-2 的规定。

三角测量的技术要求 　　　表 3-2

等级	平均边长（km）	测角中误差（"）	起始边边长相对中误差	最弱边边长相对中误差	三角闭合差（"）	测回数		
						DJ₁	DJ₂	DJ₃
二等	3.0	±1.0	1/250000	1/120000	±3.5	12	—	—
三等	2.0	±1.8	1/150000	1/70000	±7.0	6	9	—
四等	1.0	±2.5	1/100000	1/40000	±9.0	4	6	—
一级小三角	0.5	±5.0	1/40000	1/20000	±15.0	—	3	4
二级小三角	0.3	±10.0	1/20000	1/10000	±30.0	—	1	3

三边测量的技术要求应符合表 3-3 的规定。

三边测量的技术要求 　　　表 3-3

等级	平均边长（km）	测距相对误差	等级	平均边长（km）	测距相对误差
二 等	3.0	1/250000	一级小三角	0.5	1/40000
三 等	2.0	1/150000	二级小三角	0.3	1/20000
四 等	1.0	1/100000			

导线测量的技术要求应符合表 3-4 的规定。

导线测量的技术要求 　　　表 3-4

等级	附和导线长度（km）	平均边长（km）	每边测距中误差（mm）	测角中误差（"）	导线全长相对闭合差	方位角闭合差（"）	测回数		
							DJ₁	DJ₂	DJ₃
三等	30	2.0	13	1.8	1/55000	±3.6	6	10	—
四等	20	1.0	13	2.5	1/35000	±5	4	6	—
一级	10	0.5	17	5.0	1/15000	±10	—	2	4
二级	6	0.3	30	8.0	1/10000	±16	—	1	3
三级	—	—	—	20.0	1/2000	±30	—	1	2

水平角观测法各项限差，应符合表 3-5 的规定。

水平方向观测法的各项限差 　　　表 3-5

等级	经纬仪型号	光学测微器两次重合读数差（"）	半测回归零差（"）	一测回中两倍照准差（2c）较差（"）	同一方向各测回间较差（"）
四等以上	DJ₁	1	6	9	6
	DJ₂	3	8	13	9
一级以下	DJ₂	—	12	18	12
	DJ₆	—	18	—	24

采用普通钢尺丈量基线长度时，应符合表 3-6 的规定。

普通钢尺丈量基线的技术要求   表 3-6

等级	定向偏向（cm）	最大高差（m）	每尺段往返高差之差（mm）		最小读数（mm）	三组读数之差（mm）	同段尺长差（mm）		全长各尺之差（mm）	外业手簿计算单位（mm）		
			30m	50m			30m	50m		尺长	改正	高差
一级 二级	5	4	4	5	0.5	1.0	2.0	3.0	30	0.1	0.1	1.0

三、导线布设的形式

将测区内相邻控制点连成直线而构成的折线，称为导线。这些控制点为导线点。导线测量就是依次测定各导线边的长度（任务 3.3）和各转折角值（任务 3.2）；根据起算数据，推算各边的坐标方位角，从而求出各导线点的坐标。

导线测量是建立小地区平面控制网常用的一种方法，特别是地物分布较复杂的建筑区、视线障碍较多的隐蔽区和带状地区，多采用导线测量的方法。根据测区的不同情况和要求，我们可以将导线布设为以下几种形式：

1. 闭合导线

自某一个已知控制点出发，经过若干个点，最后闭合回到起始点，形成一个闭合多边形，如图 3-4 所示。

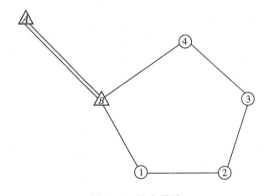

图 3-4　闭合导线

2. 附合导线

自某一个高级控制点出发，经过若干个点，最后附合到另一个高级控制点，如图 3-5 所示。

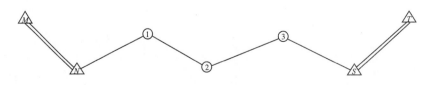

图 3-5　附合导线

3. 支导线

支导线也称自由导线，它是由一个已知点出发，既不闭合到原已知点，也不附合到另一已知点；不进行校核，延伸点不超过两点，如图3-6所示。

图 3-6　支导线

四、导线测量的外业工作

导线测量的外业工作包括：勘探选点、量边、测角和联测。

1. 勘探选点

选点前，应调查搜集测区已有地形图和高一级的控制点的成果资料，把控制点展绘在地形图上，然后在地形图上拟定导线的布设方案，最后到野外去踏勘，实地核对、修改、落实点位和建立标志。如果测区没有地形图资料，则需详细踏勘现场，根据已知控制点的分布、测区地形条件及测图和施工需要等具体情况，合理地选定导线点的位置。

实地选点时应注意下列几点：

（1）相邻点间通视良好，地势较平坦，便于测角和量距。

（2）点位应选在土质坚实处，便于保存标志和安置仪器。

（3）视野开阔，便于施测碎部。

（4）导线各边的长度应大致相等，除特殊情形外，应不大于350m，也不宜小于50m。

（5）导线点应有足够的密度，分布较均匀，便于控制整个测区。

2. 埋设标志

导线点选定后，要在每一点位上打一大木桩，其周围浇灌一圈混凝土，桩顶钉一小钉，作为临时性标志（图3-7），若导线点需要保存的时间较长，就要埋设混凝土桩或石桩，桩顶刻"十"字，作为永久性标志（图3-8）。导线点应统一编号。为了便于寻找，应量出导线点与附近固定而明显的地物点的距离，绘一草图，注明尺寸，称为点之记（图3-9）。

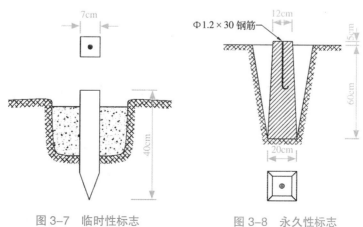

图 3-7　临时性标志　　　　图 3-8　永久性标志

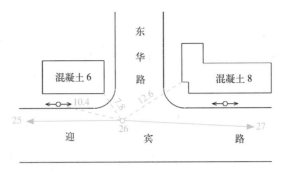

图 3-9　点之记

3. 量边

导线边长可用光电测距仪测定,测量时要同时观测竖直角,供倾斜改正之用。若用钢尺丈量,钢尺必须经过检定。对于一、二、三级导线,应按钢尺量距的精密方法进行丈量。对于图根导线,用一般方法往返丈量或同一方向丈量两次;当尺长改正数大于 1/10000 时,应加尺长改正;量距时平均尺温与检定时温度相差 10℃ 时,应进行温度改正;尺面倾斜大于 1.5% 时,应进行倾斜改正;取其往返丈量的平均值作为成果,并要求其相对误差不大于 1/3000。

4. 测角

用测回法施测导线左角(位于导线前进方向左侧的角)或右角(位于导线前进方向右侧的角)。一般在附合导线中,测量导线左角,在闭合导线中均测内角。若闭合导线按反时针方向编号,则其左角就是内角。图根导线,一般用 DJ$_6$ 级光学经纬仪测一个测回。若盘左、盘右测得角值的较差不超过 40″,则取其平均值。

测角时,为了便于瞄准,可在已埋设的标志上用三根竹竿吊一个大垂球,或用测钎、觇牌作为照准标志。

5. 联测

导线与高级控制点连接,必须观测连接角、连接边,作为传递坐标方位角和坐标之用。如果附近无高级控制点,则应用罗盘仪施测导线起始边的磁方位角,并假定起始点的坐标为起算数据。

【能力测试】

1. 平面控制网的布设有哪些形式?

2. 平面控制测量等级有哪些?如何区分?

3. 导线测量的外业工作主要有哪些?

【实践活动】

1. 实训组织:以小组为单位完成 1 次平面控制网的勘探选点。

2. 实训时间:2 学时。

3. 实训工具:木桩、榔头、钉子、记录板、标记笔、铅笔。

任务 3.2 水平角观测

【任务描述】

水平角是一点到两个目标的方向线垂直投影在水平面上所成的夹角。水平角观测是用经纬仪、全站仪等测角仪器获得水平角的角值、水平方向值，其结果可根据需要取得水平角值，或取得各方向的水平方向值。现阶段我们所学习的测回法是观测水平角时常用的方法之一，即用盘左（竖直度盘位于望远镜左侧）、盘右（竖直角度测量度盘位于望远镜右侧）两个位置进行水平角观测。用盘左观测时，分别照准左、右目标得到两个读数，两数之差为上半测回角值。为了消除部分仪器误差，倒转望远镜再用盘右观测，得到下半测回角值。取上、下两个半测回角值的平均值为一测回的角值。按精度要求可观测若干测回，取其平均值为最终的观测角值。

本任务中主要介绍了水平角的概念，侧重培养水平角观测能力，包括：经纬仪的基本操作，水平角的外业测量方法，水平角的内业计算方法等。

一、任务内容

现学校决定修整实训楼场地，将在施工现场选定三个点作为修整场地的控制点，由这三个点组成简单的三角控制网，要求同学们以小组为单位完成三角控制网的内角测量工作，即这三个点之间的水平夹角测量工作。

本次水平角测量工作包括外业工作和内业计算两部分，每组必须完成测量工作并上交测量结果，施测过程需满足规范要求，角度闭合差必须在容许值范围之内。

1. 在规定时间内，按照规范要求对各测段进行观测，测量出相邻两点之间的水平夹角并记录入表 3-7，每组必须按照分工表进行工作安排，确保每位组员轮流观测，观测过程中应牢记之前总结的测量注意事项，尽量减少误差。

2. 根据真实测量数据及时完成内业计算工作。计算角度闭合差，与容许闭合差（教师给定）比较。

（1）若各项精度要求均合格，则进行闭合差调整，推算出各待测点之间的水平角，完成表 3-7。

（2）若误差超过允许范围，则分析原因后，返工重测。

三角形内角和观测记录表　　　　　　　　　　　　　　　表 3-7

仪器编号＿＿＿＿＿＿＿＿＿＿　　　　　　　填表日期＿＿＿＿年＿＿月＿＿日

测点	盘位	目标	水平度盘读数	水平角		改正数	改正后角值
				半测回值	一测回角值		

续表

测点	盘位	目标	水平度盘读数	水平角		改正数	改正后角值
				半测回值	一测回角值		
校核	三角形内角和 = 三角形闭合差 f= 容许闭合差 =						
备注	每测站观测一测回，各测绘起始方向读数递增 180°／n						

（如实填写：对中误差：_____mm   水准管气泡偏差：_____格）

第_____组   观测员和记录员：_____

二、相关规范

1.《工程测量规范》GB 50026-2007
2.《平面控制测量成果质量检验技术规程》CH/T 1022-2010

【任务实施】

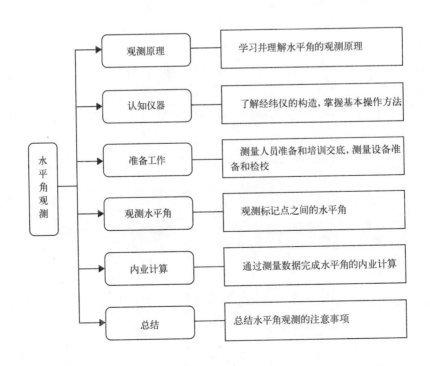

水平角观测
- 观测原理 —— 学习并理解水平角的观测原理
- 认知仪器 —— 了解经纬仪的构造，掌握基本操作方法
- 准备工作 —— 测量人员准备和培训交底，测量设备准备和检校
- 观测水平角 —— 观测标记点之间的水平角
- 内业计算 —— 通过测量数据完成水平角的内业计算
- 总结 —— 总结水平角观测的注意事项

【学习支持】

一、水平角概念

水平角是测站点至两目标的方向线在水平面上投影的夹二面角。在测量中，把地面上的实际观测角度投影在测角仪器的水平度盘上，然后按度盘读数求出水平角值。水平角是在水平面上 $0°\sim360°$ 的范围内，按顺时针方向量取，通常用 β 表示。

如图 3-10 所示，A、O、B 为地面上任意三点，将三点沿铅垂线方向投影到水平面 H 上，得到相应的 A_1、O_1、B_1 点，则水平线 O_1A_1、O_1B_1 水平面上的夹角 β_1 即为地面 OA、OB 两方向线间的水平角。

为了测出水平角，我们可以假设过 O 点的铅垂线上任意取点 O_2 处，在该处水平架设一台

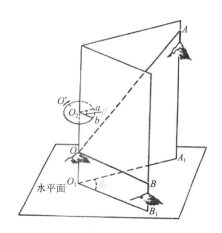

图 3-10 水平角的测量原理

带有刻度圆盘的仪器，如图 3-10 中所示分别在 OA 与 OB 的竖直面上得到读数 a 和 b，从而通过计算得到水平角值。

水平角角值 　　　β = 右目标读数 b – 左目标读数 a 　　　　　　(3-1)

若 $b < a$，则 $\beta=b+360°-a$，水平角没有负值。

综上所述，用于测量水平角的仪器，必须满足以下条件：

（1）有水平放置的圆盘，圆盘上有顺时针方向注记的 $0°\sim360°$ 刻度。

（2）圆盘的中心在角顶点 O 的铅垂线上。

（3）有一个能瞄目标的望远镜，望远镜不但可以在水平面内转动，而且还应能在竖直面内转动。

经纬仪和全站仪这两种测角仪器可以满足上述要求。

二、经纬仪的构造和类型

经纬仪根据测角原理设计，既可测量水平角，也可以测量竖直角，是测量工作中的主要测角仪器。经纬仪根据度盘刻度和读数方式的不同，分为电子经纬仪（图 3-11）和光学经纬仪（图 3-12）。

本任务主要以 DJ_6 光学经纬仪为例进行学习。它主要由照准部、水平度盘和基座三部分组成，各部件的名称如图 3-13 所示。

图 3-11　电子经纬仪　　　　图 3-12　光学经纬仪

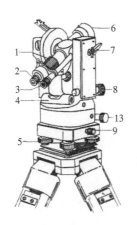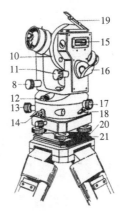

图 3-13　DJ$_6$ 经纬仪外形图

1—对光螺旋；2—目镜；3—照准部水准管；4—管水准器；5—脚螺旋；6—望远镜物镜；7—望远镜的
制动螺旋；8—望远镜的微动螺旋；9—中心锁紧螺旋；10—竖直度盘；11—竖盘指标水准管微动螺旋；
12—光学对中器目镜；13—水平微动螺旋；14—水平制动螺旋；15—竖盘指标水准管；16—反光镜；
17—度盘变换手轮；18—保险手柄；19—竖盘指标水准管反光镜；20—托板；21—压板

1. 照准部

照准部安装在仪器的支架上，属于仪器的上部，主要由望远镜、竖直度盘、照准部水准管、读数设备、支架和光学对中器等组成。望远镜连同竖盘可绕横轴在垂直面内转动，望远镜的视准轴应与横轴正交。照准部的竖轴（照准部旋转轴）插入仪器基座的轴套内，照准部可以水平转动。

2. 水平度盘

水平度盘用来测量水平角，它是一个圆环形的光学玻璃盘，圆盘的边缘上刻有分划，按顺时针注记。一般水平度盘的转动通过复测扳手或水平度盘转换手轮来控制。DJ$_6$ 光学经纬仪使用的是度盘转换手轮，在转换手轮的外面有一个护盖。要使用转换手轮的时候先把护盖打开，然后再拨动转换手轮将水平度盘的读数配置成想要的数值。不用的时候一定要把护盖盖上，避免不小心碰动转换手轮而导致读数错误。

3. 基座

基座上有三个脚螺旋、圆水准器、支座、连接螺旋等。观测者可以通过圆水准器和三个脚螺旋的操作来粗平仪器。

三、DJ$_6$经纬仪的读数方法

光学经纬仪的度盘读数装置包括光路系统及测微器。水平或竖直度盘上的刻划线，经照明后通过一系列棱镜和透镜，最后成像在望远镜旁的读数窗内。

测微尺上有 60 个小格，一小格代表 1′。具体读数方法如下：按测微尺与度盘刻划相交处读取"度数"，如图 3-14 所示为 73°和 87°，从测微尺上的格子读取"分"数，如 04′和 06′，"秒"数则估读至 0.1′即 6″。

如图 3-14 中，水平度盘读数为 73°04′30″，垂直度盘读数为 87°06′18″。

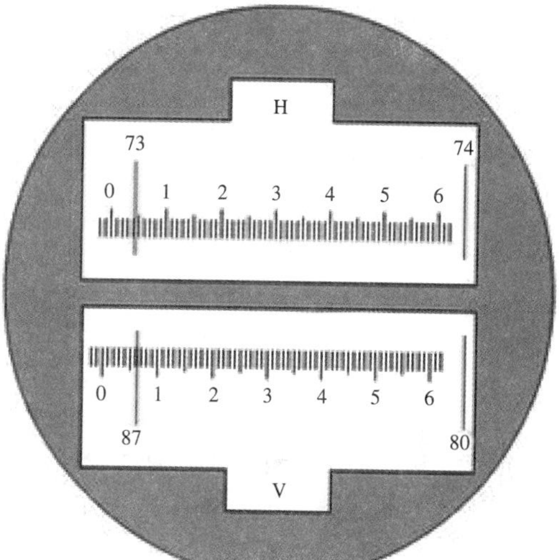

图 3-14 分微尺读数

四、DJ$_6$经纬仪的使用

（一）安置仪器

安置仪器是将经纬仪安置在测站点上，包括对中和整平两项内容。对中的目的是使仪器中心与测站点标志中心位于同一铅垂线上。整平的目的是使仪器竖轴处于铅垂位置，水平度盘处于水平位置。

1. 初步对中整平

经纬仪对中装置主要有垂球、光学对中器和激光对中器。用光学对中器对中时，其操作方法如下：

（1）使架头大致对中和水平，连接经纬仪；调节光学对中器的目镜和物镜对光螺旋，使光学对中器的分划板小圆圈和测站点标志的影像清晰。

（2）转动脚螺旋，使光学对中器对准测站标志中心，此时圆水准器气泡偏离，伸缩三脚架架腿，使圆水准器气泡居中，注意脚架尖位置不得移动。

2. 精确对中和整平

（1）整平

先转动照准部，使水准管平行于任意一对脚螺旋的连线，如图 3-15（a）所示，两手同时向内或向外转动这两个脚螺旋，使气泡居中，注意气泡移动方向始终与左手大拇指移动方向一致；然后将照准部转动 90°，如图 3-15（b）所示，转动第三个脚螺旋，使水准管气泡居中。再将照准部转回原位置，检查气泡是否居中，若不居中，按上述步骤反复进行，直到水准管在任何位置，气泡偏离零点不超过一格为止。

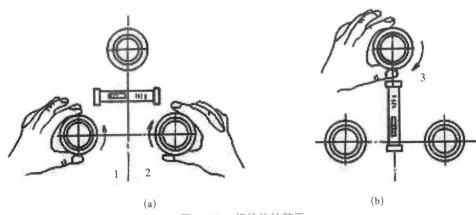

(a)   (b)

图 3-15   经纬仪的整平

（2）对中

先旋松连接螺旋，在架头上轻轻移动经纬仪，使对中器分划板的刻划中心与测站点标志影像重合；然后旋紧连接螺旋。光学对中器对中误差一般可控制在 1mm 以内。

对中和整平，一般都需要经过几次"整平—对中—整平"的循环过程，直至整平和对中均符合要求。

（二）瞄准目标

1. 松开望远镜制动螺旋和照准部制动螺旋，将望远镜朝向明亮背景，调节目镜对光螺旋，使十字丝清晰。

2. 利用望远镜上的照门和准星粗略对准目标，拧紧照准部及望远镜制动螺旋；调节物镜对光螺旋，使目标影像清晰，并注意消除视差。

3. 转动照准部和望远镜微动螺旋，精确瞄准目标。

（三）读数

1. 打开反光镜，调节反光镜镜面位置，使读数窗亮度适中。

2. 转动读数显微镜目镜对光螺旋，使度盘、测微尺及指标线的影像清晰。

3. 根据仪器的读数设备，按前述的经纬仪读数方法进行读数。

五、测回法测定水平角

（一）观测方法

水平角测量的方式较多，一般根据一个测站上目标的数量，测量工作要求的精度，以及所使用的仪器而定。测回法是一种基本测角方法，常用于观测目标较少的测量任务，适用于本次任务。

如图 3-16 所示，设 O 为观测点，A、B 为观测目标，用测回法进行水

图 3-16   观测水平角

平角的观测任务，具体步骤如下：

1. 安置仪器

在测站点 O 上安置仪器，对中和整平符合规范要求。

2. 盘左观测

（1）以盘左位置瞄准左目标 A，配制度盘至 $0°\ 00'\ 00''$ 或稍大，读取水平度盘读数 a_1 并记录。

（2）顺时针转动照准部瞄准右目标 B，读取水平度盘读数 b_1 并记录。

（3）计算上半测回角值为：$\beta_左 = b_1 - a_1$。

3. 盘右观测

（1）倒转望远镜 $180°$ 后从盘右位置瞄准右目标 B，读取水平度盘读数 b_2 并记录。

（2）逆时针转动照准部瞄准左目标 A，读取水平度盘读数 a_2 并记录。

（3）计算下半测回角值为：$\beta_右 = b_2 - a_2$。

4. 取平均值

盘左，盘右两个半测回，合称一测回。

利用两个半测回得到的角值取平均值就是一测回水平角值，即：

$$\beta = \frac{1}{2}\ (\beta_左 + \beta_右) \tag{3-2}$$

对于 DJ_6 型光学经纬仪，$\beta_左$ 与 $\beta_右$ 之差不应超过 $\pm 40''$，否则应重测。

5. 如需测第二个测回，则观测顺序同上，记录填写方式可见表 3-8。

水平角观测手簿（测回法）　　　　　　　　　　表 3-8

日期						
天气		仪器				观测
		地点				记录

测站	目标	竖盘位置	水平度盘读数 ° ′ ″	半测回角值 ° ′ ″	一测回角值 ° ′ ″	各测回角值 ° ′ ″
第一测回 O	A	左	0 08 10	77 04 12	77 04 14	77 04 11
	B		77 12 22			
	A	右	180 08 15	77 04 16		
	B		257 12 31			
第二测回 O	A	左	90 09 20	77 04 06	77 04 08	
	B		167 13 26			
	A	右	270 09 30	77 04 10		
	B		347 13 40			

（二）测回法的注意事项

1. 同一方向的盘左、盘右读数应大致相差 $180°$。

2. 半测回角值较差的限差一般为 $\pm 40''$。

3. 为了提高测角的精度，观测 n 个测回时，在每个测回开始（第一个方向），应调整水平度盘读数，使其递增 $\frac{180}{n}$。例如，当 $n=2$ 时，则各测回递增 $90°$，即盘左起始方向的读数应分别为 $0°$、$90°$（表3-8）。

4. 各测回平均角值较差的限差一般为 $\pm 24''$。

5. 同一测回观测时，盘左起始方向度盘配置好后，切勿误动度盘变换手轮改变读数。

6. 由于水平度盘是顺时针刻画和注记的，所以在计算水平角时，我们以右目标读数减去左目标读数，如果出现负值则应在右目标的读数上加上 $360°$，再减去左目标读数，切勿倒过来减。

【能力拓展】

方向观测法（全圆测回法）

1. 操作步骤

当测站上的方向观测数在 3 个及以上时，一般采用另一种水平角观测方法，称为方向观测法。如图 3-17 所示，测站点为 O 点，观测方向有 A、B、C、D 四个，在 O 点安置好仪器，在 A、B、C、D 四个目标中选择一个标志清晰的点作为零方向，例如以 A 点方向定为零方向后，开始进行观测，一测回观测的具体操作步骤如下：

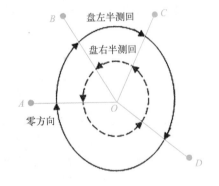

图 3-17　方向观测法

（1）上半测回

在测站 O 上安置好仪器，盘左位置，瞄准目标 A，将水平度盘读数配置为 $0° 00' 00''$ 或稍大，读取水平方向读数并记入观测手簿。松开制动螺旋，顺时针转动照准部，依次瞄准 B、C、D 点的照准标志进行观测，其观测顺序依次为 $A \rightarrow B \rightarrow C \rightarrow D \rightarrow A$，最后返回到零方向 A 的操作称为上半测回归零，再次观测零方向 A 的读数称为归零差。规范规定，对于 DJ_6 经纬仪，归零差不应大于 $18''$。

（2）下半测回

倒转望远镜，盘右瞄准照准目标 A，读取水平方向读数并记入观测手簿。松动制动螺旋，逆时针转动照准部，依次瞄准 D、C、B、A 点的照准标志后进行观测，其观测顺序为 $A \rightarrow D \rightarrow C \rightarrow B \rightarrow A$，最后返回到零方向 A 的操作称下半测回归零。至此，一测回的观测操作完成。

如需观测几个测回，各测回从零方向开始以 $\frac{180°}{n}$ 为增量配置水平度盘读数。

2. 计算步骤

（1）计算 $2C$ 值（又称两倍照准差）

$$2C = 盘左读数 - （盘右读数 \pm 180°） \tag{3-3}$$

上式中，盘右读数大于 180° 时取"－"号，盘右读数小于 180° 时取"＋"号。一测回内各方向 2C 值互差不应超过 ±18″（DJ₆ 光学经纬仪）。如果超限，则应重新测量。

（2）计算各方向的平均读数

平均读数又称为各方向的方向值。

$$平均读数 = \frac{1}{2}\left[\, 盘左读数 - (盘右读数 \pm 180°)\,\right] \tag{3-4}$$

计算时，以盘左读数为准，将盘右读数加或减 180° 后与盘左读数取平均值。起始方向有两个平均读数，故应再取其平均值。

（3）计算归零后的方向值

将各方向的平均读数减去起始方向的平均读数（括号内数值），即得各方向的"归零后方向值"，起始方向归零后的方向值为零。

（4）计算各测回归零后方向值的平均值

多测回观测时，同一方向值各测回互差，符合 ±24″（DJ₆ 光学经纬仪）的误差规定，取各测回归零后方向值的平均值，作为该方向的最后结果。

（5）计算各目标间水平角角值

将相邻两方向值相减即可求得各目标间水平角角值。

3. 计算示例见表 3-9。

水平角观测手簿（方向观测法）　　　　　　　　表 3-9

测站	测回数	目标	水平度盘读数		2C 值 <18s	平均读数	归零后方向值	各测回归零后方向平均值
			盘左读数	盘右读数				
			° ′ ″	° ′ ″	″	° ′ ″	° ′ ″	° ′ ″
O	1	A	00 02 12	180 02 00	+12	(00 02 10) 00 02 06	00 00 00	00 00 00
		B	37 44 15	217 44 05	+10	37 44 10	37 42 00	37 42 01
		C	110 29 04	290 28 52	+12	110 28 58	110 26 48	110 26 52
		D	150 14 51	330 14 43	+8	150 14 47	150 12 37	150 12 33
		A	00 02 18	180 02 08	+10	00 02 13		
		归零差 <18″	6	8				
O	2	A	90 03 30	270 03 22	+8	(90 03 24) 90 03 26	00 00 00	
		B	127 45 34	307 45 28	+6	127 45 31	37 42 07	
		C	200 30 24	20 30 18	+6	200 30 21	110 26 57	
		D	240 15 57	60 15 49	+8	240 15 53	150 12 29	
		A	90 03 25	270 03 18	+7	90 03 22		
		归零差 <18″	5	4				

【能力测试】

1. 知识点巩固

（1）DJ$_6$级经纬仪主要由_____、_____和_____三部分组成。

（2）测回法的定义：

（3）水平角定义：

（4）经纬仪测角的基本操作分为四步，依次是（　　）。

　　A. 对中、整平、瞄准、读数　　　B. 整平、对中、瞄准、读数

　　C. 对中、瞄准、整平、读数　　　D. 读数、对中、整平、瞄准

（5）用DJ$_6$经纬仪观测，下列读数中有可能正确的是（　　）。

　　A. 362° 17′ 30″　　　　　　　　B. 412° 17′ 22″

　　C. −0° 0′ 3″　　　　　　　　　 D. 182° 13′ 36″

（6）盘右位置测量水平角时，应该（　　）方向转动照准部。

　　A. 顺时针　　　B. 逆时针　　　C. 顺时针、逆时针都可以　　　D. 上、下

（7）用测回法对某一角度观测6测回，第4测回的水平度盘起始位置的预定值应为（　　）。

　　A.30°　　　　B.60°　　　　C.90°　　　　D. 120°

（8）DJ$_6$经纬仪采用测回法测角时，盘左、盘右观测值之差不得超过（　　）。

　　A. ±10″　　　B. ±20″　　　C. ±40″　　　D. ±1″

（9）经纬仪对中的目的是什么？整平的目的是什么？

2. 内业计算训练：完成表3-10。

水平角观测手簿（测回法）　　　　　　　　　　　　　　　表3-10

测站	目标	竖盘位置	水平度盘读数 ° ′ ″	半测回角值 ° ′ ″	一测回角值 ° ′ ″	各测回角值 ° ′ ″
第一测回 0	A	左	0 02 06			
	B		68 39 10			
	A	右	180 02 24			
	B		248 39 29			
第二测回 0	A	左	90 01 36			
	B		158 38 42			
	A	右	270 01 48			
	B		338 38 50			

【实践活动】

以小组为单位完成本次任务。

1. 实训组织：各小组长根据任务分工表，安排各组员完成工作。

2. 实训时间：2学时。

3. 实训工具：经纬仪、记录板、标记笔、计算器、铅笔。

任务 3.3　钢尺量距

【任务描述】

水平距离测量常用的方法有钢尺量距、视距测量以及光学测距等。

本任务中主要介绍量距的用具，培养钢尺量距方法，包括：直线定线的两种方法、平坦地面上和倾斜地面的一般量距方法、精密量距方法以及削弱误差的方法等。

一、任务内容

在任务 3.2 中，在施工现场完成了三角控制网控制点之间的内角测量工作。在本任务中，测得控制点之间的水平距离采用的测量方式为钢尺量距法。

具体步骤如下：

（1）在待测点 A、B 两点后竖立标杆；

（2）一名组员（前尺手）从 A 点沿 AB 方向前进，在一整尺段处停下，在 A 点处另一名组员（后尺手）的指挥下完成直线定线工作；

（3）后尺手将尺的零点对准 A 点，两人同时拉紧钢尺，拉平、拉稳后，前尺手在钢尺末端做好测钎标记完成第一段 $A1$ 的丈量工作；

（4）组员之间配合按照上述测量方式，从 A 点分段丈量至 B 点。若最后一段 nB 距离不足一整尺长度时，后尺手将钢尺零点对准 n 点测钎，由前尺手读取 B 点的余尺读数并记录；

（5）计算 AB 之间的水平距离，完成表 3-11。

钢尺量距记录表　　　　　　　　　　　　　　　表 3-11

直线编号	方向	整段尺长（m）	余长（m）	全长（m）	往返平均值（m）	相对误差

二、相关规范

（1）《工程测量规范》GB 50026-2007

（2）《平面控制测量成果质量检验技术规程》CH/T 1022-2010

【任务实施】

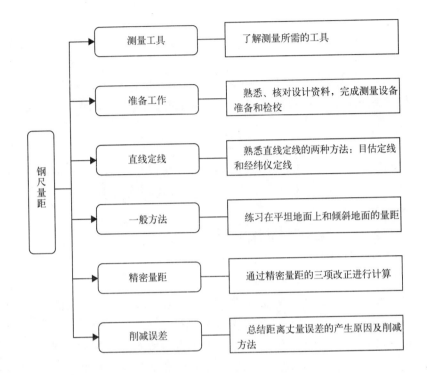

【学习支持】

一、工具

1. 钢尺

钢尺是钢尺量距的主要工具,以尺的端点为零的称为端点尺(图3-18),多用于建筑物墙边开始的丈量工作;以尺的端部某一位置为零刻度的称为刻线尺(图3-19),多用于地面点的丈量工作。

钢尺的优点:抗拉强度高,不易变形,主要用于精度要求较高的测距工作中,如控制测量和施工测量等。

钢尺的缺点:钢尺性脆,易折断,易生锈,所以使用时应注意保护钢尺,避免扭折,平时保存时注意防潮。

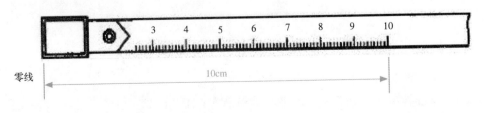

图 3-18 端点尺

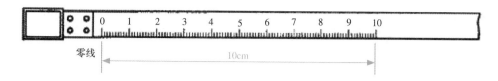

零线 | 10cm

图 3-19 刻线尺

2. 辅助工具 (图 3-20)

钢尺量距的辅助工具主要有测钎、垂球、标杆等，如图 3-20 所示。

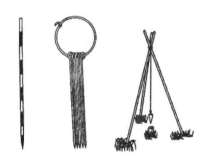

图 3-20 量距的辅助工具

二、直线定线

在量距时，得到的结果必须是直线距离，若用钢尺丈量距离，丈量的距离一般都比整尺要长，一次不能量完，需要在直线方向上标定若干个分段点，这项工作就叫直线定线。按照量距精度的不同，可分为目估定线和经纬仪定线两种测量方法。

（1）目估定线

目估定线就是用目测的方法，用标杆和测钎将直线上的分段点标定出来。如图 3-21 所示，A、B 为直线的两端点，在 AB 之间定出 1、2 点作为待定分段点。在 A、B 点处各立一根标杆后，观测员甲立于 A 点后 1 ~ 2m 处，视线将 A、B 两标杆同一侧相连成线，指挥观测员乙手上的标杆在 1 点处左右移动，直到三杆共线，得到 1 点。用同样的方法得到 2 点位置。

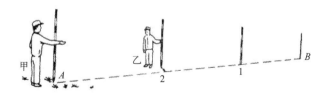

图 3-21 目估定线

（2）经纬仪定线

如图 3-22 所示，观测者甲在 A 点安置经纬仪，对中整平后，用十字丝中点瞄准 B 点，随后制动照准部，望远镜向下俯视，重新对光后，指挥观测者乙手持测钎在待定分段点 1 处左右移动，直至测钎下部尖端与十字丝中心重合，得到 1 点。其他待定点只需将望远镜的俯角变化，即可确定。

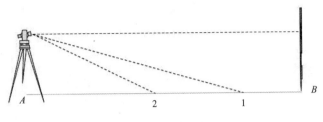

图 3-22　经纬仪定线

三、在平坦地面上量距的一般方法

如图 3-23 所示，A、B 为平坦地面上的两个通视点，假如这两个点之间的水平距离超过所使用钢尺一整段尺的长度，当完成直线定线后，可以用"分段丈量法"进行量距，具体步骤如下：

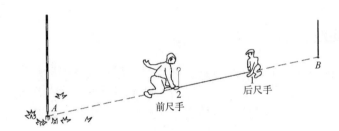

图 3-23　钢尺量距

后尺手持钢尺零点端对准 A 点，前尺手持尺盒和一个测钎向 AB 方向前进，至一尺段钢尺全部拉出时停下，由后尺手根据 A 点的标杆指挥前尺手将钢尺定向，前、后尺手拉紧钢尺，由前尺手喊"预备"，后尺手对准零点后喊"好"，前尺手在整尺长处做好标记，完成一尺段的丈量，依次向前丈量各整尺段；到最后一段不足一尺段时为余长，后尺手对准零点后，前尺手在尺上根据 B 点测钎读数（读至 mm）。故 A、B 间的水平距离为：

$$D_{往}=nL+q \tag{3-5}$$

式中　　n —— 尺段数；

　　　　L —— 钢尺一整段长度；

　　　　q —— 不足一整尺段的余长。

为了检核和提高测量精度，一般还应由 B 至 A 点进行返测，以往、返两次丈量结果的平均值作为 A、B 之间的水平距离，即

$$D_{平均}=\frac{1}{2}\left(D_{往}+D_{返}\right) \tag{3-6}$$

我们通常用相对误差来表示距离丈量的精度。相对误差是以往、返丈量距离之差与平均值之比，并化为分子为 1 的分数，即

$$K=\frac{|D_{往}-D_{返}|}{D_{平均}}=\frac{|\Delta D|}{D_{平均}}=\frac{1}{\dfrac{D_{平均}}{|\Delta D|}} \tag{3-7}$$

K 值越小，精度越高；反之，精度越低。量距精度取决于工程的要求和地面起伏情况。在平坦地区内，钢尺量距的相对误差一般不应大于 $\dfrac{1}{3000}$。

【知识拓展】

精密量距的三项改正

对精度要求较高的钢尺量距，除了采用经纬仪定线、用弹簧秤控制拉力等基本措施以外，还应对丈量结果进行改正。

1. 尺长改正

设钢尺的名义长度为 l_0，实际长度为 l_s，则二者之差为一尺段的尺长改正 Δl_d。

$$\Delta l_d = l_s - l_0 \tag{3-8}$$

2. 温度改正

受热胀冷缩的影响，当现场作业时的温度 t 与检定时的温度 t_0 不同时，钢尺的长度就会发生变化，因而每尺段需进行温度改正 Δl_t，即

$$\Delta l_t = \alpha (t - t_0) \cdot l_0 \tag{3-9}$$

一般钢尺的膨胀系数 $\alpha=1.2 \times 10^{-5}$ 或者写成 $\alpha=0.000012/(m\cdot℃)$。钢尺温度每变化 1℃时，每 1m 钢尺将伸长（或缩短）0.000012m。

钢尺说明书上一般都带有尺长随温度变化的函数式，称为尺长方程式。用此计算温度为 t 度时，钢尺的实际长度 l_t，即

$$l_t=l_0+\Delta l+\alpha (t-t_0) l_0 \tag{3-10}$$

等式右端后两项实际上就是钢尺尺长改正和温度改正的组合。

3. 倾斜改正（将倾斜距离换算成水平距离的工作）

设一尺段两端的高差为 h，沿地面量得斜距为 l，若要化为水平距离时，则要计算倾斜改正数 Δl_h。因为 $h^2=l^2-d^2=(l+d)\cdot(l-d)$，即有 $\Delta l_h=d-l=-\dfrac{h^2}{l+d}$。又因为 Δl_h 极小，可近似认为 $l=d$，所以

$$\Delta l_h=\frac{h^2}{2l} \tag{3-11}$$

4. 一整尺段的改正数之和

$$\Delta l = \Delta l_d + \Delta l_t + \Delta l_h \tag{3-12}$$

5. 改正后尺段的水平距离 D，即

$$D = D_0 + \Delta l = D_0 + \Delta l_d + \Delta l_t + \Delta l_h \tag{3-13}$$

【能力拓展】

一、在倾斜地面量距的方法

在倾斜地面的距离丈量方法分为平量法和斜量法。两种方法都是使用目估定线，再用钢尺量距。

图 3-24　平量法

（1）平量法（图 3-24）

在倾斜地面量距时，如果沿直线各尺段两端的高差较小，可在每个尺段拉平钢尺，将钢尺的一端对准地面点位，另一端抬高拉成水平，然后用垂球在地面上标定其端点，进行丈量，按照分段丈量法的计算公式进行计算。

（2）斜量法（图 3-25）

当倾斜地面的坡度比较均匀时，可沿斜坡丈量出 AB 的斜距 L，同时设法测定出两点之间的高差 h，如图 3-25（a）所示，则可计算得到两点的水平距离，即

$$D = \sqrt{L^2 - h^2} \tag{3-14}$$

也可以通过测量地面倾斜角 α，如图 3-25（b）所示，计算得到两点的水平距离，即

$$D = L\cos\alpha \tag{3-15}$$

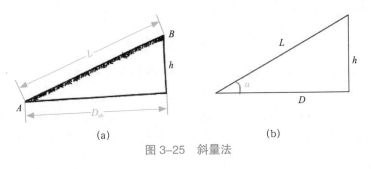

（a）　　　　　　　　　　　　（b）

图 3-25　斜量法

二、钢尺量距的注意事项

（1）使用经过检定的钢尺量距。

（2）钢尺量距的原理简单，但在操作上容易出错，要做到三清：

零点看清——分清端点尺和刻线尺的零刻度位置；

读数认清——尺上读数要认清 m、dm、cm 的注字和 mm 的分划数，读数细心防止读错；

尺段记清——尺段较多时，避免少记或多记一个尺段的错误。

（3）观测员之间相互配合，定线要直，尺身要平，拿尺要稳，用力要匀，看点要准。

（4）记录数据时要清晰，记好后及时回读，校核。

（5）钢尺容易损坏，使用时需做好保护，不扭，不折，不压，不拖。为了防潮，将尺卷入尺壳内前必须要擦净。

【能力测试】

1. 钢尺丈量 AB 的水平距离，往测为 268.23m，返测为 268.29m；丈量 CD 的水平距离，往测为 24.57m，返测为 24.63m，最后得 D_{AB}、D_{CD} 及它们的相对误差各为多少？哪段丈量的结果比较精确？

2. 钢尺量距为何要进行直线定线？如果定线不准，或量距时钢尺不水平会使丈量的结果相较于正确距离偏大还是偏小？为什么？

3. 某钢尺的名义长度为 30m，在标准温度、拉力，高差为零的情况下，检定其长度为 29.995m，用该钢尺在 25℃ 条件下丈量坡度均匀，长度为 250.632m 的距离。丈量时的拉力与钢尺检定时的拉力相同，同时测得该段距离的两端点高差为 -1.2m，试调整该水平距离。

【实践活动】

以小组为单位完成本次任务。

1. 实训要求

（1）掌握钢尺量距的一般方法。

（2）钢尺量距时，读数及计算长度取至毫米。

（3）钢尺量距时，先量取整尺段，最后量取余长。

（4）钢尺往、返丈量的相对精度应高于 1/3000，则取往、返平均值作为该直线的水平距离，否则重新丈量。

2. 实训时间：2 学时。

3. 实训工具：30m 钢尺、测钎、标杆、记录板、标记笔、计算器、铅笔。

任务 3.4　全站仪操作与使用

【任务描述】

全站仪是集角度、距离（斜距、平距）、高差测量功能于一体的测绘仪器系统，广泛用于地上大型建筑和地下隧道施工等精密工程测量或变形监测领域。

本任务中主要介绍了全站仪的基本概念，并简单讲述了全站仪的操作与使用方法，包括：全站仪的基本操作、角度观测方法、距离观测方法和坐标观测方法等。

一、任务内容

对全站仪有初步的认识，了解国内外全站仪基本知识，熟悉全站仪的特点、基本构造、功能、养护，认清其主要部件的名称并理解其作用。掌握全站仪使用操作的安置、粗平、精平、瞄准、读数的方法。

用全站仪对任务 3.2 中的控制点进行复测，与经纬仪的测量方法进行对比。

（1）安置仪器

在施工现场的三个控制点中任选一点作为测站，另两点作为观测点；将全站仪安置于测站点上，分别在另两点安置棱镜。

（2）照准目标

操作步骤类似于经纬仪操作。

（3）操作仪器

开关仪器；熟悉电子屏内各按键，了解各种功能；尝试设置常数（温度、气压、棱镜常数）及自动关机等。

二、相关规范

（1）《工程测量规范》GB 50026-2007

（2）《全站仪》GB/T 27663-2011

（3）《平面控制测量成果质量检验技术规程》CH/T 1022-2010

【任务实施】

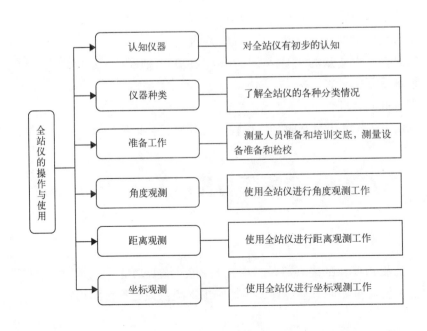

【学习支持】

一、全站仪简介

1986 年德国芬奈蔡司厂研制出了世界第一台全站仪，是一种集光、机、电为一体的新型全能仪器，可完成外业测量工作，并能对数据进行微处理，具有对测量数据自动采集、计算、处理、保存、显示和输出等功能。它不仅能在测站上完成距离、角度和高程测量以及点位的测设、施工放样和变形观测，还能用于布设控制网、测绘地形图及测绘数据库的建立等。

全站仪的发展时间比较短，但是却经历了从组合式即光电测距仪与光学经纬仪组合，或光电测距仪与电子经纬仪组合，到整体式即将光电测距仪的光波发射接收系统的光轴和经纬仪的视准轴组合为同轴的整体式全站仪等阶段。最初速测仪的距离测量是通过光学方法来实现的，这种速测仪称为光学速测仪。随着电子测距技术的出现，大大地推动了速测仪的发展。用电磁波测距仪代替光学视距经纬仪，使得测程更大、测量时间更短、精度更高。人们将距离由电磁波测距仪测定的速测仪称为电子速测仪。随着电子测角技术的出现。这一"电子速测仪"的概念又相应地发生了变化，根据测角方法的不同分为半站型电子速测仪和全站型电子速测仪。半站型电子速测仪是指用光学方法测角的电子速测仪，也称为测距经纬仪。这种速测仪出现较早，并且进行了不断的改进，可将光学角度读数通过键盘输入到测距仪，对斜距进行计算，最后得出平距、高差、方向角和坐标差，这些结果都可自动地传输到外部存储器中。全站型电子速测仪则是由电子测角、电子测距、电子计算和数据存储单元等组成的三维坐标测量系统，测量结果能自动显示，并能与外围设备交换信息的多功能测量仪器。由于全站型电子速测仪较完善地实现了测量和处理过程的电子化和一体化，所以人们通常称之为全站型电子速测仪或简称全站仪。20 世纪 80 年代末，人们根据电子测角系统和电子测距系统的发展不平衡，将全站仪分成两大类，即积木式和整体式。20 世纪 90 年代以来，基本上都发展为整体式全站仪。

与光学经纬仪比较，全站仪的水平度盘和竖直度盘及其读数装置是分别采用编码盘或两个相同的光栅度盘和读数传感器进行角度测量，使数据的记录和读数即测角操作简单化，直接避免了人为读数误差的产生。全站仪的自动记录、储存、计算功能，以及数据通信功能，使测量工作的自动化、电子化、数字化等理想测量模式变成了现实。它对测量工作的发展起到了至关重要的作用。

二、全站仪的分类

全站仪采用了光电扫描测角系统，其类型主要有：编码盘测角系统、光栅盘测角系统及动态（光栅盘）测角系统等三种。

1. 全站仪按其外观结构可分为两类：

（1）积木型（又称组合型）

早期的全站仪，大都是积木型结构，即电子速测仪、电子经纬仪、电子记录器各是一个整体，可以分离使用，也可以通过电缆或接口把它们组合起来，形成完整的全站仪。

（2）整体性

随着电子测距仪进一步的轻巧化，现代的全站仪大都把测距、测角和记录单元在光学、机械等方面设计成一个不可分割的整体，其中测距仪的发射轴、接收轴和望远镜的视准轴为同轴结构。这对保证较大垂直角条件下的距离测量精度非常有利。

2. 全站仪按测量功能分类，可分成四类：

（1）经典型全站仪

经典型全站仪也称为常规全站仪，它具备全站仪电子测角、电子测距和数据自动记录等基本功能，有的还可以运行厂家或用户自主开发的机载测量程序。其经典代表为徕卡公司的 TC 系列全站仪。

（2）机动型全站仪

在经典全站仪的基础上安装轴系步进电机，可自动驱动全站仪照准部和望远镜的旋转。在计算机的在线控制下，机动型全站仪可按计算机给定的方向值自动照准目标，并可实现自动正、倒镜测量。

（3）无合作目标型全站仪

无合作目标型全站仪是指在无反射棱镜的条件下，可对一般的目标直接测距的全站仪。因此，对不便安置反射棱镜的目标进行测量，无合作目标型全站仪具有明显优势。可广泛用于地籍测量，房产测量和施工测量等。

（4）智能型全站仪（测量机器人）

在机动型全站仪的基础上，仪器安装自动目标识别与照准的新功能，因此在自动化的进程中，全站仪进一步克服了需要人工照准目标的重大缺陷，实现了全站仪的智能化。在相关软件的控制下，智能型全站仪在无人干预的条件下可自动完成多个目标的识别、照准与测量。

3. 全站仪按测距仪测距分类，还可以分为三类：

（1）短距离测距全站仪

测程小于 3km，主要用于普通测量和城市测量。

（2）中测程全站仪

测程为 3 ～ 15km，常用于一般等级的控制测量。

（3）长测程全站仪

测程大于 15km，常用于国家三角网及特级导线的测量。

全站仪的品牌有很多，国外著名的有徕卡、拓普康、尼康等，国内的有北京博飞、南方、苏州第一光学仪器、瑞得全站仪等，如图 3-26 所示。

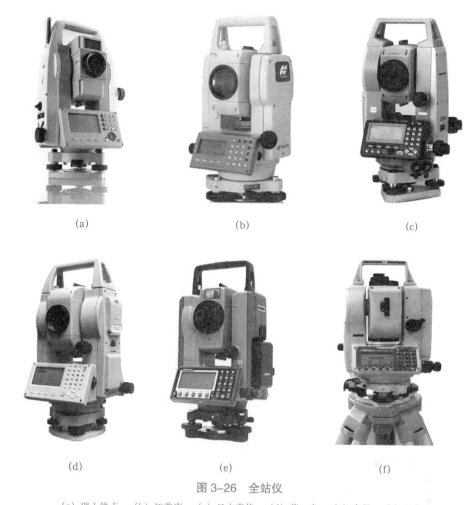

(a)   (b)   (c)

(d)   (e)   (f)

图 3-26 全站仪

(a) 瑞士徕卡；(b) 拓普康；(c) 日本索佳；(d) 苏一光；(e) 宾得；(f) 尼康

三、全站仪的组成

全站仪是一个集水平角、垂直角、距离（斜距、平距）、高差测量功能于一体的测绘仪器系统，几乎能完成一个测站上的所有测量工作。因此，全站仪的结构组成相对于其他测量仪器较为复杂，由电源部分、测角系统、测距系统、数据处理部分、通信接口、显示屏、键盘等组成。它本身就是一个带有特殊功能的计算机控制系统，其微机处理装置由微处理器、存储器、输入部分和输出部分组成。由微处理器对获取的倾斜距离、水平角、竖直角、垂直轴倾斜误差、视准轴误差、垂直度盘指标差、棱镜常数、气温、气压等信息加以处理，从而获得改正后的观测数据和计算数据。在仪器的只读存储器中固化了测量程序，测量过程由程序完成。

从总体上看，全站仪的组成可分为两大部分：一是为采集数据而设置的专用设备，主要有电子测角系统、电子测距系统、数据存储系统、自动补偿设备等；二是测量过程的控制设备，主要用于有序地实现上述每一专用设备的功能，包括与测量数据相连接的外围设备及进行计算、产生指令的微处理机等。只有两大部分有机结合才能真正地体现"全站"功能，既要自动完成数据采集，又要自动处理数据和控制整个测量过程。

四、全站仪的基本使用

现在市面上的全站仪有很多种，各种品牌全站仪的使用方法不尽相同，但是它们的工作原理是相同的，现以北京博飞 BTS-800 系列全站仪为例介绍全站仪的基本使用。

1. 仪器部件和名称（图 3-27）

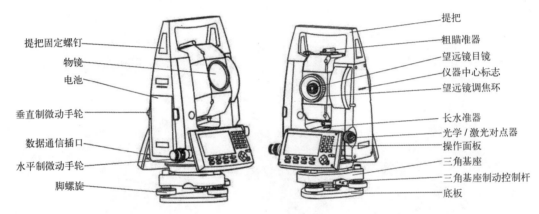

图 3-27　北京博飞 BTS-800 系列全站仪仪器部件名称

2. 基本操作

（1）北京博飞 BTS-800 系列全站仪的键盘功能与显示如图 3-28 所示。

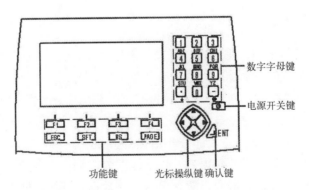

图 3-28　北京博飞 BTS-800 系列全站仪的键盘功能与显示

（2）键盘符号

◆　电源开关键

开机：按电源开关键【Θ】。

关机：长按【Θ】，过 2 秒。

◆ 功能键

【F1】～【F4】：按【F1】～【F4】选取对应的功能，该功能键随模式不同而改变。

【ESC】：取消输入或返回至上一状态。

【SFT】：功能切换键，用于键盘数字字母输入切换及进入快捷键功能。

【BS】：删除光标左侧的一个字符。

【PAGE】：翻页键。

【◢】：选取选项或确认输入的数据。

◆ 快捷键

【SFT】+【★】：先按【SFT】再按【★】进入星键功能界面。

【SFT】+【—】：先按【SFT】再按【—】进入测距回光信号检测。

◆ 光标操纵键

←→↑↓：该键可上下左右移动光标，用于数据输入，选取选择项。

◆ 字母数字键

【0】～【9】：在输入数字时，输入按键对应的数字；输入字母时，先按【SFT】切换输入状态，然后输入按键上方对应的字母，按第一次输入第一字母，按第二次输入第二字母，按第三次输入第三字母。

【.】：输入数字中的小数点。

【-】：输入数字中的负号。

（3）显示信息（图 3-29 和图 3-30）

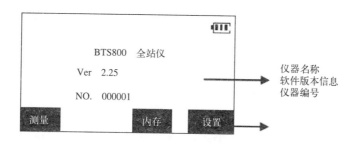

图 3-29　状态模式屏幕

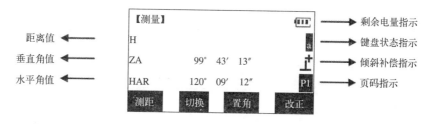

图 3-30　测量模式屏幕

（4）显示符号（表 3-12）

北京博飞 BTS-800 系列全站仪显示符号注释　　　　　表 3-12

显示符号	内容	显示符号	内容
PC	棱镜常数	V	高差
ppm	气象改正数	ZA	天顶距
S	斜距	VA	垂直角
H	平距	HAR	右角
HAL	左角	HAh	水平角锁定

【知识拓展】

全站仪在测量工作中的运用

1. 水平角测量

（1）按角度测量键，使全站仪处于角度测量模式，照准第一个目标 A。

（2）设置 A 方向的水平度盘读数为 $0°\ 00'\ 00''$。

（3）照准第二个目标 B，此时显示的水平度盘读数即为两方向的水平夹角。

2. 距离测量

（1）设置棱镜常数

测距前须将棱镜常数输入仪器中，仪器会自动对所测距离进行改正。

（2）设置大气改正值或气温、气压值

光在大气中的传播速度会随大气的温度和气压而变化，15℃ 和 760mmHg 是仪器设置的一个标准值，此时的大气改正值为 0ppm。实测时，可输入温度和气压值，全站仪会自动计算大气改正值（也可直接输入大气改正值），并对测距结果进行改正。

（3）量仪器高、棱镜高并输入全站仪

（4）距离测量

照准目标棱镜中心，按测距键，距离测量开始，测距完成时显示斜距、平距、高差。

全站仪的测距模式有精测模式、跟踪模式、粗测模式三种。精测模式是最常用的测距模式，测量时间约 2.5s，最小显示单位 1mm；跟踪模式，常用于跟踪移动目标或放样时连续测距，最小显示一般为 1cm，每次测距时间约 0.3s；粗测模式，测量时间约 0.7s，最小显示单位 1cm 或 1mm。在距离测量或坐标测量时，可按测距模式（MODE）键选择不同的测距模式。

应注意，有些型号的全站仪在距离测量时不能设定仪器高和棱镜高，显示的高差值是全站仪横轴中心与棱镜中心的高差。

3. 坐标测量

（1）设定测站点的三维坐标。

（2）设定后视点的坐标或设定后视方向的水平度盘读数为其方位角。当设定后视点的坐标时，全站仪会自动计算后视方向的方位角，并设定后视方向的水平度盘读数为其方位角。

（3）设置棱镜常数。

（4）设置大气改正值或气温、气压值。

（5）量仪器高、棱镜高并输入全站仪。

（6）照准目标棱镜，按坐标测量键，全站仪开始测距并计算显示测点的三维坐标。

4. 数据通信

全站仪的数据通信是指全站仪与电子计算机之间进行的双向数据交换。全站仪与计算机之间的数据通信的方式主要有两种，一种是利用全站仪配置的 PCMCIA 卡（简称 PC 卡，也称存储卡）进行数字通信，特点是通用性强，各种电子产品间均可互换使用；另一种是利用全站仪的通信接口，通过电缆进行数据传输。

【能力测试】

1. 全站仪除了能进行距离测量、角度测量外，还能进行 _____、_____、_____、_____ 等测量工作。

2. 一台测距精度为 3+2ppm 的全站仪进行距离测量，如果两点间距 2km，则仪器可能产生的误差为 _____mm。

3. 进行三维坐标测量时除了要输入测站坐标外还须输入 _____、_____ 等。

4. 全站仪进行点位放样时，其放样的理论依据是 _____ 法。

5. 试述全站仪安置的过程。

【实践活动】

一般 3 人 1 组，1 人操作仪器，2 人操作棱镜，轮流进行。

1. 实训要求：练习全站仪使用操作的安置、粗平、精平、瞄准、读数的方法，并完成一组角度及距离测量。

2. 实训时间：2 学时。

3. 实训工具：全站仪、测伞、棱镜、脚架、标记笔、铅笔、记录板。

任务 3.5　直线定向

【任务描述】

一、任务内容

直线定向——确定一直线与基本方向的角度关系。

　　要确定一条直线的方向，首先要选定一个标准方向作为定向的依据，然后测出该直线与标准方向的水平角，则该直线的方向也确定了。例如，在测量中常以真子午线或磁子午线作为基本方向，如果知道一直线与子午线间的角度，可以认为该直线的方向已经确定。

　　直线方向的表示方法有方位角和象限角两种，一般常用方位角来表示。

　　本任务主要介绍了直线定向的基本概念，简单讲述了方位角、象限角的用途和计算方法，并展示了罗盘仪的作用和简单操作方法。

二、相关规范

（1）《平面控制测量成果质量检验技术规程》CH/T 1022－2010

（2）《工程测量规范》GB 50026－2007

【任务实施】

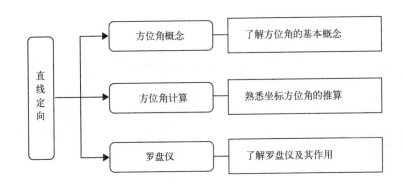

【学习支持】

一、标准方向线

1. 真子午线方向

通过地球表面某点的真子午线的切线方向，称为该点的真子午线方向，真子午线方向是用天文测量方法或用陀螺经纬仪测定的。

2. 磁子午线方向

磁子午线方向是磁针在地球磁场的作用下，磁针自由静止时其轴线所指的方向。磁子午线方向可用罗盘仪测定。

3. 坐标纵轴方向

我国采用高斯平面直角坐标系，每6°带或3°带内都以该带的中央子午线为坐标纵轴，因此，该带内直线定向，就用该带的坐标纵轴方向作为标准方向。如假定坐标系，则用假定的坐标纵轴（南北 X 轴）作为标准方向。

二、方位角

测量工作中，常采用方位角表示直线的方向。从直线起点的标准方向北端起，顺时针方向量至该直线的水平夹角，称为该直线的方位角，方位角取值范围是 $0° \sim 360°$。因标准方向有三种，因此对应的方位角也有三种。

真方位角：由真子午线方向的北端起，顺时针量到直线间的夹角，称为该直线的真方位角，一般用 A 表示。通常在精密测量中使用。

磁方位角：由磁子午线方向的北端起，顺时针量至直线间的夹角，称为该直线的磁方位角，用 Am 表示。

坐标方位角：由坐标纵轴方向的北端起，顺时针量到直线间的夹角，称为该直线的坐标方位角，常简称方位角，用 α 表示。

三、正、反方位角

测量工作中的直线都是具有一定方向的。如图 3-31 所示，直线 AB 的点 A 是起点，点 B 是终点；通过起点 A 的坐标纵轴方向与直线 AB 所夹的坐标方位角 α_{AB}，称为直线 AB 的正坐标方位角。过终点 B 的坐标纵轴方向与直线 BA 所夹的坐标方位角，称为直线 AB 的反坐标方位角（直线 BA 的正坐标方位角）。正、反坐标方位角相差 $180°$，即

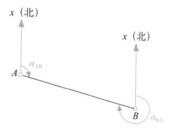

图 3-31 正反方位角

$$\alpha_{反} = \alpha_{正} \pm 180° \tag{3-16}$$

四、坐标方位角的推算

为了使整个测区坐标系统保持统一，测量工作中并不直接测定每条边的方向，而是通过与已知点（其坐标为已知）的联测，以推算出各边的坐标方位角。

如图 3-32 所示，已知直线 12 的坐标方位角 α_{12}，用经纬仪观测了右夹角 β_2（测量前进方向右侧的水平角），则可推算直线 23 的坐标方位角 α_{23}：

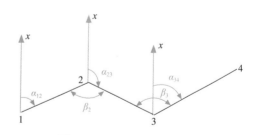

图 3-32 坐标方位角的推算

$$\alpha_{23} = \alpha_{12} + 180° - \beta_2 \tag{3-17}$$

又用经纬仪观测了左夹角 β_3（测量前进方向左侧的水平角），则可继续推算直线 34 的坐标方位角 α_{34}：

$$\alpha_{34} = \alpha_{23} + 180° + \beta_3 \tag{3-18}$$

根据上面两式，可总结得：前一边的坐标方位角，等于后一边的坐标方位角加上180°，再加左夹角或减右夹角。若计算结果大于360°应减去360°，为负值时则加360°。即可将公式简化为：

$$\alpha_{前} = \alpha_{后} + \beta_{左} \pm 180° \tag{3-19}$$

$$\alpha_{前} = \alpha_{后} - \beta_{右} \pm 180° \tag{3-20}$$

若前两项计算结果 < 180°，则取"+"；反之取"−"。

【知识拓展】

一、象限角

由坐标纵轴的北端或南端起，沿顺时针或逆时针方向量至直线的锐角，称为该直线的象限角，用 R 表示，其角值范围为 0°～90°。一条直线的方向也可以用象限角表示。如图 3-33 所示，直线 O1、O2、O3、O4 的象限角分别为北东 R_{o1}、南东 R_{o2}、南西 R_{o3}、北西 R_{o4}。

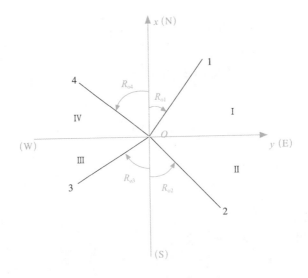

图 3-33 象限角

二、坐标象限角与坐标方位角之间的换算

在坐标计算中常用到坐标象限角与坐标方位角之间的换算，其换算关系见表 3-13 和图 3-34。

坐标象限角与坐标方位角之间的换算关系表　　　　　　　　　　表 3-13

直线位置及方向	由坐标方位角α求坐标象限角R	由坐标象限角R求坐标方位角α
第 I 象限（北东）	$R = \alpha$	$\alpha = R$

续表

直线位置及方向	由坐标方位角α求坐标象限角R	由坐标象限角R求坐标方位角α
第Ⅱ象限（南东）	$R = 180° - \alpha$	$\alpha = 180° - R$
第Ⅲ象限（南西）	$R = \alpha - 180°$	$\alpha = 180° + R$
第Ⅳ象限（北西）	$R = 360° - \alpha$	$\alpha = 360° - R$

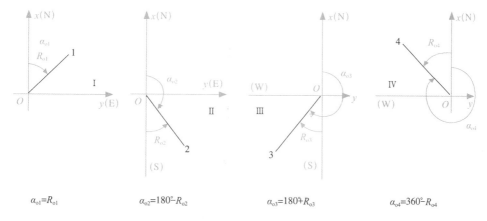

$\alpha_{o1} = R_{o1}$　　　　$\alpha_{o2} = 180° - R_{o2}$　　　　$\alpha_{o3} = 180° + R_{o3}$　　　　$\alpha_{o4} = 360° - R_{o4}$

图 3-34　象限角与方位角关系

【能力拓展】

罗盘仪及其作用

罗盘仪是利用磁针确定方位的仪器，用以测定地面上直线的磁方位角或磁象限角。罗盘仪由罗盘盒、照准装置、磁针组成，构造简单，使用方便，但精度较低。常用于测定独立测区的近似起始方向，以及路线勘测、地质普查、森林普查中的测量工作。

1. 罗盘仪的构造

罗盘仪的种类很多，其构造大同小异，主要部件有磁针、刻度盘和瞄准设备等。

（1）磁针

磁针用人造磁铁制成，其中心装有镶着玛瑙的圆形球窝，在刻度盘的中心装有顶针，磁针球窝支在顶点上。为了减轻顶针尖的磨损，装置了杠杆和螺旋 P，磁针不用时，用杠杆将磁针升起，使它与顶针分离，把磁针压在玻璃盖下。

（2）刻度盘

刻度盘为铜或铝的圆环，最小分划为 1° 或 30″，按逆时针方向从 0° 注记到 360°。

（3）瞄准设备

罗盘仪的瞄准设备，现在大都采用望远镜，老式仪器采用觇板。

2. 用罗盘仪测量定直线的磁方位角

观测时，将罗盘仪安置在直线的起点，对中，整平（罗盘盒内一般均设有水准器，指示仪器是否水平），旋松螺旋，放下磁针，然后转动仪器，通过瞄准设备瞄准直线另一端的标杆。待磁针静止后，读出磁针北端所指的读数，即为该直线的磁方位角。

目前，有很多经纬仪配有罗针，用来测定磁方位角。罗针的构造与罗盘仪相似。观测时，先安置经纬仪于直线起点上，然后将罗针安置在经纬仪支架上。旋转经纬仪大致指向磁北，制动照准部。旋松螺旋，放下磁针，通过罗针观测量孔观看磁针两端的像，并旋转经纬仪的水平微动螺旋，使其像上下重合。磁针的像上下重合说明望远镜视准轴平行于北方向，已经指北。再拨动水平度盘位置变换轮，使水平度盘读数为零，松开水平制动螺旋，瞄准直线另一端的标杆，所得水平度盘读数，即为该直线的磁方位角。

3. 使用罗盘仪时的注意事项

使用罗盘仪进行测量时，附近不能有任何铁器，并要避免高压线，否则磁针会发生偏转，影响测量结果。必须等待磁针静止才能读数，读数完毕应将磁针固定以免磁针的顶针被磨损。若磁针摆动相当长时间还不能静止，这表明仪器使用太久，磁针的磁性不足，应进行充磁。

【能力测试】

1. 正反坐标方位角相差（　　）。

　　A. 90° 　　　　B. 0° 　　　　C. 180° 　　　　D. 270°

2. 从标准方向的北端起，顺时针方向量到直线的水平夹角，称为该直线的（　　）。

　　A. 象限角 　　　B. 方位角 　　　C. 水平角 　　　D. 竖直角

3. 某直线的坐标方位角为 121°23′36″，则反坐标方位角为（　　）。

　　A. 238°36′24′ 　　B. 301°23′36″ 　　C. 58°36′24″ 　　D. −58°36′24″

4. 已知 $a_{12}=60°$，$\beta_2=120°30′$，$\beta_3=156°28′$，如图 3-35 所示。试求 2-3 边的正坐标方位角和 3-4 边的反坐标方位角。

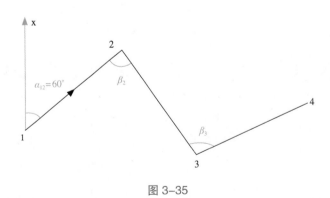

图 3-35

【实践活动】

1. 实训要求：以小组为单位简单练习罗盘仪的操作。

2. 实训时间：1 学时。

3. 实训工具：罗盘仪、标记笔、铅笔、记录板。

任务 3.6 图根级导线测量

【任务描述】

本任务的主要内容是图根级导线测量工作，包括外业测量工作和内业计算方法。

1. 导线形式

一个已知点及已知方向和三个未知点组成的闭合导线（图 3-36）。

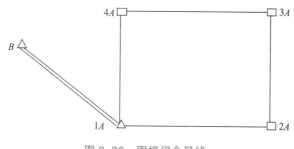

图 3-36 图根闭合导线

2. 工作内容

各组在规定时间内按图根级导线精度要求独立完成指定的闭合导线测量外业观测和内业计算。外业观测包括 1 个连接角和 4 个转折角（左角）测量（5 个角度均采用测回法一测回进行观测）以及四条导线边测量（每条导线边水平距离采用往测一测回），内业计算根据给定的已知点 A 点的坐标和 A 点到 B 点的坐标方位角，经平差计算出 3 个指定未知点的平面坐标。

3. 主要技术要求

（1）根据国家标准《工程测量规范》GB 50026-2007，图根级导线测量主要技术要求如表 3-14 所示。

导线测量技术要求   表 3-14

等级	测回数	水平角上下半测回较差（″）	测量中误差（″）		方位角闭合差（″）		导线相对闭合差
			一般	首级控制	一般	首级控制	
图根级	1	40	30	20	$60\sqrt{n}$	$40\sqrt{n}$	≤ 1/2000

注：n 为转折角的个数。

（2）仪器和觇牌的对中误差不得超过 2mm，整平水准管气泡偏差不得超过 1 格。

（3）各小组所测导线点点位误差不得超过 20mm。

4. 相关规范

（1）《工程测量规范》GB 50026-2007

（2）《平面控制测量成果质量检验技术规程》CH/T 1022-2010

【任务实施】

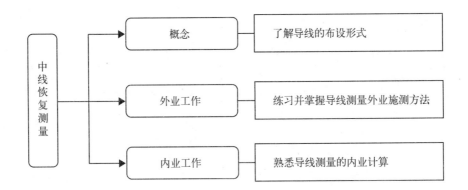

【学习支持】

一、坐标计算的基本公式

1. 坐标正算

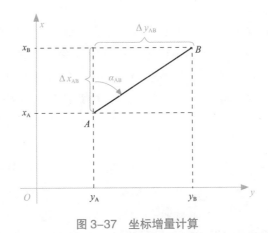

图 3-37　坐标增量计算

根据直线起点的坐标、直线长度及其坐标方位角计算直线终点的坐标，称为坐标正算。如图 3-37 所示，已知直线 AB 起点 A 的坐标为 (x_A, y_A)，AB 边的边长及坐标方位角分别为 D_{AB} 和 α_{AB}，需计算直线终点 B 的坐标。

直线两端点 A、B 的坐标值之差，称为坐标增量，用 Δx_{AB}、Δy_{AB} 表示。由图 3-37 可得到坐标增量的计算公式为：

$$\left.\begin{array}{l} \Delta x_{AB}=x_B-x_A=D_{AB}\cos\alpha_{AB} \\ \Delta y_{AB}=y_B-y_A=D_{AB}\sin\alpha_{AB} \end{array}\right\} \tag{3-21}$$

根据式（3-21）计算坐标增量时，sin 和 cos 函数值随着 α 角所在象限而有正负之分，因此算得的坐标增量同样具有正、负号。坐标增量正、负号的规律见表 3-15。

坐标增量正、负号的规律　　　　　　　　　　　表 3-15

象限	坐标方位角 α	Δx	Δy
I	$0° \sim 90°$	+	+
II	$90° \sim 180°$	−	+
III	$180° \sim 270°$	−	−
IV	$270° \sim 360°$	+	−

则 B 点坐标的计算公式为：

$$\left.\begin{array}{l} x_B = x_A + \Delta x_{AB} = x_A + D_{AB}\cos\alpha_{AB} \\ y_B = y_A + \Delta y_{AB} = y_A + D_{AB}\sin\alpha_{AB} \end{array}\right\} \tag{3-22}$$

2. 坐标反算

根据直线起点和终点的坐标，计算直线的边长和坐标方位角，称为坐标反算。如图 3-37 所示，已知直线 AB 两端点的坐标分别为（x_A，y_A）和（x_B，y_B），则直线边长 D_{AB} 和坐标方位角 α_{AB} 的计算公式为：

$$D_{AB} = \sqrt{\Delta x^2_{AB} + \Delta y^2_{AB}} \tag{3-23}$$

$$\alpha_{AB} = \text{arc } \tan\frac{\Delta y_{AB}}{\Delta x_{AB}} \tag{3-24}$$

应该注意的是坐标方位角的角值范围在 $0° \sim 360°$，而 arc tan 函数的角值范围在 $-90° \sim +90°$，两者是不一致的。按式（3-24）计算坐标方位角时，计算出的是象限角，因此，应根据坐标增量 Δx、Δy 的正、负号，按表 3-15 决定其所在象限，再把象限角换算成相应的坐标方位角。

二、闭合导线的坐标计算

现以图 3-38 所注的数据为例（该例为图根导线），结合"闭合导线坐标计算表"的使用，说明闭合导线坐标计算的步骤。

1. 准备工作

将校核过的外业观测数据及起算数据填入"闭合导线坐标计算表"中，见表 3-16，起算数据用单线标明。

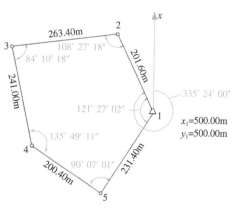

图 3-38　图根闭合导线坐标计算

2. 角度闭合差的计算与调整

（1）计算角度闭合差

n 边形闭合导线内角和的理论值为：

$$\Sigma\beta_{th}=(n-2)\times180° \tag{3-25}$$

式中　　n——导线边数或转折角数。

由于观测水平角不可避免地含有误差，致使实测的内角之和 $\Sigma\beta_m$ 不等于理论值 $\Sigma\beta_{th}$，两者之差，称为角度闭合差，用 f_β 表示。

$$f_\beta=\Sigma\beta_m-\Sigma\beta_{th}=\Sigma\beta_m-(n-2)\times180° \tag{3-26}$$

（2）计算角度闭合差的容许值

角度闭合差的大小反映了水平角观测的质量。图根导线角度闭合差的容许值 $f_{\beta p}$ 的计算公式为：

$$f_{\beta p}=\pm60''\sqrt{n} \tag{3-27}$$

如果 $|f_\beta|>|f_{\beta p}|$，说明所测水平角不符合要求，应对水平角重新检查或重测。

如果 $|f_\beta|\leqslant|f_{\beta p}|$，说明所测水平角符合要求，可对所测水平角进行调整。

（3）计算水平角改正数

如角度闭合差不超过角度闭合差的容许值，则将角度闭合差反符号平均分配到各观测水平角中，也就是每个水平角加相同的改正数 v_β，其计算公式为：

$$v_\beta=-\frac{f_\beta}{n} \tag{3-28}$$

计算检核：水平角改正数之和应与角度闭合差大小相等符号相反，即

$$\Sigma v_\beta=-f_\beta$$

（4）计算改正后的水平角

改正后的水平角 $\beta_{i改}$ 等于所测水平角加上水平角改正数。

$$\beta_{i改}=\beta_i+v_\beta \tag{3-29}$$

计算检核：改正后的闭合导线内角之和应为 $(n-2)\times180°$，本例为 540°。

本例中 f_β、$f_{\beta p}$ 的计算见表 3-16 辅助计算栏，水平角的改正数和改正后的水平角见表 3-16 第 3、4 栏。

3. 推算各边的坐标方位角

根据起始边的已知坐标方位角及改正后的水平角，推算其他各导线边的坐标方位角。

计算检核：最后推算出起始边坐标方位角，它应与原有的起始边已知坐标方位角相等，否则应重新检查计算。

4. 坐标增量的计算及其闭合差的调整

（1）计算坐标增量

根据已推算出的导线各边的坐标方位角和相应边的边长，按式（3-21）计算各边的坐标增量。例如，导线边 1-2 的坐标增量为：

$$\Delta x_{12}=D_{12}\cos\alpha_{12}=201.60\times\cos335°24'00''=+183.30\text{m}$$
$$\Delta y_{12}=D_{12}\sin\alpha_{12}=201.60\times\sin335°24'00''=-83.92\text{m}$$

用同样的方法，计算出其他各边的坐标增量值，填入表 3-16 的第 7、8 两栏的相应格内。

（2）计算坐标增量闭合差

如图 3-39（a）所示，闭合导线，纵、横坐标增量代数和的理论值应为零，即

$$\left.\begin{array}{l}\Sigma\Delta x_{\text{th}}=0\\\Sigma\Delta y_{\text{th}}=0\end{array}\right\}\tag{3-30}$$

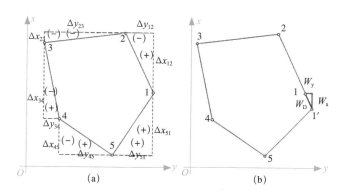

图 3-39　坐标增量闭合差

实际上由于导线边长测量误差和角度闭合差调整后的残余误差，使得实际计算所得的 $\Sigma\Delta x_{\text{m}}$、$\Sigma\Delta y_{\text{m}}$ 不等于零，从而产生纵坐标增量闭合差 W_{x} 和横坐标增量闭合差 W_{y}，即

$$\left.\begin{array}{l}W_{\text{x}}=\Sigma\Delta x_{\text{m}}\\W_{\text{y}}=\Sigma\Delta y_{\text{m}}\end{array}\right\}\tag{3-31}$$

（3）计算导线全长闭合差 W_{D} 和导线全长相对闭合差 W_{K}

从图 3-39（b）可以看出，由于坐标增量闭合差 W_{x}、W_{y} 的存在，使导线不能闭合，1-1′的长度 W_{D} 称为导线全长闭合差，并用下式计算。

$$W=\sqrt{W_{\text{x}}^2+W_{\text{y}}^2}\tag{3-32}$$

仅从 W_{D} 值的大小还不能说明导线测量的精度，衡量导线测量的精度还应该考虑到导线的总长。将 W_{D} 与导线全长 ΣD 相比，以分子为 1 的分数表示，称为导线全长相对

闭合差 W_K，即

$$K=\frac{W_D}{\Sigma D}=\frac{1}{\Sigma D/W_D} \tag{3-33}$$

以导线全长相对闭合差 W_K 来衡量导线测量的精度，W_K 的分母越大，精度越高。图根导线的 W_{KP} 为 1/2000。

如果 $W_K > W_{KP}$，说明成果不合格，此时应对导线的内业计算和外业工作进行检查，必要时须重测。

如果 $W_K \leqslant W_{KP}$，说明测量成果符合精度要求，可以进行调整。

本例中 W_x、W_y、W_D 及 W_K 的计算见表 3-16 辅助计算栏。

(4) 调整坐标增量闭合差

调整的原则是将 W_x、W_y 反号，并按与边长成正比的原则，分配到各边对应的纵、横坐标增量中去。以 v_{xi}、v_{yi} 分别表示第 i 边的纵、横坐标增量改正数，即

$$\left.\begin{array}{l} v_{xi}=\dfrac{W_x}{\Sigma D}\times D_i \\[3mm] v_{yi}=\dfrac{W_y}{\Sigma D}\times D_i \end{array}\right\} \tag{3-34}$$

本例中导线边 1-2 的坐标增量改正数为：

$$v_{x_{12}}=\frac{W_x}{\Sigma D}D_{12}=-\frac{-0.30}{1137.80}\times201.60=+0.05\text{m}$$

$$v_{y_{12}}=\frac{W_y}{\Sigma D}D_{12}=-\frac{-0.09}{1137.80}\times201.60=+0.02\text{m}$$

用同样的方法，计算出其他各导线边的纵、横坐标增量改正数，填入表 3-16 的第 7、8 栏坐标增量值相应方格。

计算检核：纵、横坐标增量改正数之和应满足下式。

$$\left.\begin{array}{l} \Sigma v_x=-W_x \\ \Sigma v_y=-W_y \end{array}\right\} \tag{3-35}$$

(5) 计算改正后的坐标增量

各边坐标增量计算值加上相应的改正数，即得各边的改正后的坐标增量。

$$\left.\begin{array}{l} \Delta x_{i\text{改}}=\Delta x_i+v_{xi} \\ \Delta y_{i\text{改}}=\Delta y_i+v_{yi} \end{array}\right\} \tag{3-36}$$

本例中导线边 1-2 改正后的坐标增量为：

$$\Delta x_{12\text{改}} = \Delta x_{12}+v_{x_{12}}=183.30+0.05=+183.35m$$
$$\Delta y_{12\text{改}} = \Delta y_{12}+v_{y_{12}}=-83.92+0.02=-83.90m$$

用同样的方法，计算出其他各导线边的改正后坐标增量，填入表 3-16 的第 9、10 栏内。

计算检核：改正后纵、横坐标增量之代数和应分别为零。

5. 计算各导线点的坐标

根据起始点 1 的已知坐标和改正后各导线边的坐标增量，按下式依次推算出各导线点的坐标：

$$\left.\begin{array}{l} x_i=x_{i-1}+\Delta x_{i-1\text{改}} \\ y_i=y_{i-1}+\Delta y_{i-1\text{改}} \end{array}\right\} \tag{3-37}$$

将推算出的各导线点坐标，填入表 3-16 中的第 11、12 栏内。最后还应再次推算起始点 1 的坐标，其值应与原有的已知值相等，以此作为计算检核。

三、附合导线坐标计算

附合导线的坐标计算与闭合导线的坐标计算基本相同，仅在角度闭合差的计算与坐标增量闭合差的计算方面稍有不同。

1. 角度闭合差的计算与调整

（1）计算角度闭合差

如图 3-40 所示，根据起始边 AB 的坐标方位角 α_{AB} 及观测的各右角，推算 CD 边的坐标方位角 α'_{CD}。

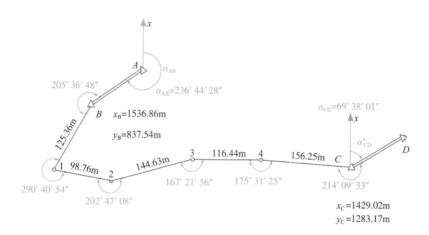

图 3-40　附合导线略图

闭合导线坐标计算表

表 3-16

点号	观测角(左角)	改正数	改正角	坐标方位角α	距离D(m)	增量计算值 Δx(m)	增量计算值 Δy(m)	改正后增量 Δx(m)	改正后增量 Δy(m)	坐标值 x(m)	坐标值 y(m)	点号
1				335°24′00″	201.60	+5 / +183.30	+2 / -83.92	+183.35	-83.90	500.00	500.00	1
2	108°27′18″	-10″	108°27′08″	263°51′08″	263.40	+7 / -28.21	+2 / -261.89	-28.14	-261.87	683.35	416.10	2
3	84°10′18″	-10″	84°10′08″	168°01′16″	241.00	+7 / -235.75	+2 / +50.02	-235.68	+50.04	655.21	154.23	3
4	135°49′11″	-10″	135°49′01″	123°50′17″	200.40	+5 / -111.59	+1 / +166.46	-111.54	+166.47	419.53	204.27	4
5	90°07′01″	-10″	90°06′51″	33°57′08″	231.40	+6 / +191.95	+2 / +129.24	+192.01	+129.26	307.99	370.74	5
1	121°27′02″	-10″	121°26′52″	335°24′00″						500.00	500.00	1
2												
Σ	540°00′50″	-50″	540°00′00″		1137.80	-0.30	-0.09	0	0			

辅助计算

$\sum\beta_m = 540°00'50"$

$-\sum\beta_{th} = 540°00'00"$

$f_\beta = +50"$

$f_{\beta p} = \pm 60"\sqrt{5} = \pm 134"$

$|f_\beta| < |f_{\beta p}|$

$W_x = \sum\Delta x_m = -0.30\text{m} \qquad W_y = \sum\Delta y_m = -0.09\text{m}$

$W_D = \sqrt{W_x^2 + W_y^2} = 0.31\text{m}$

$W_k = \frac{0.31}{1137.80} \approx \frac{1}{3600} < W_{kp} = \frac{1}{2000}$

$$\alpha_{B1}=\alpha_{AB}+180°-\beta_B$$
$$\alpha_{12}=\alpha_{B1}+180°-\beta_1$$
$$\alpha_{23}=\alpha_{12}+180°-\beta_2$$
$$\alpha_{34}=\alpha_{23}+180°-\beta_3$$
$$+)\ \alpha'_{CD}=\alpha_{34}+180°-\beta_C$$

$$\overline{\alpha'_{CD}=\alpha_{AB}+5\times180°-\Sigma\beta_m}$$

写成一般公式为：

$$\alpha'_{fin}=\alpha_0+n\times180°-\Sigma\beta_R \tag{3-38}$$

若观测左角，则按下式计算：

$$\alpha'_{fin}=\alpha_0+n\times180°-\Sigma\beta_L \tag{3-39}$$

附合导线的角度闭合差 f_β 为：

$$f_\beta=\alpha'_{fin}-\alpha_{fin} \tag{3-40}$$

（2）调整角度闭合差

当角度闭合差在容许范围内，如果观测的是左角，则将角度闭合差反号平均分配到各左角上；如果观测的是右角，则将角度闭合差同号平均分配到各右角上。

2. 坐标增量闭合差的计算

附合导线的坐标增量代数和的理论值应等于终、始两点的已知坐标值之差，即

$$\left.\begin{array}{l}\Sigma\Delta x_{th}=x_{fin}-x_0\\\Sigma\Delta y_{th}=y_{fin}-x_0\end{array}\right\} \tag{3-41}$$

纵、横坐标增量闭合差为：

$$\left.\begin{array}{l}W_x=\Sigma\Delta x-\Sigma\Delta x_{th}=\Sigma\Delta x-(x_{fin}-x_0)\\W_y=\Sigma\Delta y-\Sigma\Delta y_{th}=\Sigma\Delta y-(y_{fin}-y_0)\end{array}\right\} \tag{3-42}$$

如图 3-40 所示附合导线坐标计算，其坐标计算详见表 3-17。

四、支导线的坐标计算

支导线中没有检核条件，因此没有闭合差产生，导线转折角和计算的坐标增量均不需要进行改正。支导线的计算步骤为：

1. 根据观测的转折角推算各边的坐标方位角。

2. 根据各边坐标方位角和边长计算坐标增量。

3. 根据各边的坐标增量推算各点的坐标。

附合导号线坐标计算表

表 3-17

点号	观测角（右角）	改正数	改正角	坐标方位角 α	距离 D (m)	增量计算值 Δx (m)	增量计算值 Δy (m)	改正后增量 Δx (m)	改正后增量 Δy (m)	坐标值 x (m)	坐标值 y (m)	点号
A				236° 44′ 28″								A
B	205° 36′ 48″	−13″	205° 36′ 35″	211° 07′ 53″	125.36	+4 −107.31	−2 −64.81	−107.27	−64.83	1 536.86	837.54	B
1	290° 40′ 54″	−12″	290° 40′ 42″	100° 27′ 11″	98.76	+3 −17.92	−2 +97.12	−17.89	+97.10	1 429.59	772.71	1
2	202° 47′ 08″	−13″	202° 46′ 55″	77° 40′ 16″	114.63	+4 +30.88	−2 +141.29	+30.92	+141.27	1 411.70	869.81	2
3	167° 21′ 56″	−13″	167° 21′ 43″	90° 18′ 33″	116.44	+3 −0.63	−2 +116.44	−0.60	+116.42	1 442.62	1 011.08	3
4	175° 31′ 25″	−13″	175° 31′ 12″	94° 47′ 21″	156.25	+5 −13.05	−3 +155.70	−13.00	+155.67	1 442.02	1 127.50	4
C	214° 09′ 33″	−13″	214° 09′ 20″	60° 38′ 01″						1 429.02	1 283.17	C
D												D
Σ	1 256° 07′ 44″	−77″	1 256° 06′ 25″		641.44	−108.03	+445.74	−107.84	+445.63			

辅助计算

$\alpha'_{CD} = \alpha_{AB} + 6 \times 180° - \Sigma\beta_R = 60° 36' 44''$

$f_\beta = \alpha'_{CD} - \alpha_{CD} = +1' 17''$

$f_{\beta p} = \pm 60'' \sqrt{6} = \pm 147''$

$|f_\beta| < |f_{\beta p}|$

$\Sigma\Delta x_m = -108.03$

$\Sigma\Delta y_m = +445.74$

$-) \, x_C - x_B = -107.84$

$-) \, y_C - y_B = +445.63$

$W_x = -0.19\text{m} \qquad W_y = +0.11\text{m}$

$f_D = \sqrt{W_x^2 + W_y^2} = 0.22\text{m}$

$W_K = \dfrac{0.22}{641.44} = \dfrac{1}{2900} < W_{Kp} = \dfrac{1}{2000}$

【能力测试】

1. 国家控制网，是按（　　）建立的，它的低级点受高级点逐级控制。

　　A. 一至四等　　　B. 一至四级　　　C. 一至二等　　　D. 一至二级

2. 导线点属于（　　）。

　　A. 平面控制点　　　B. 高程控制点　　　C. 坐标控制点　　　D. 水准控制点

3. 下列属于平面控制点的是（　　）。

　　A. 水准点　　　B. 三角高程点　　　C. 三角点　　　D. 以上答案都不对

4. 导线的布置形式有（　　）。

　　A. 一级导线、二级导线、图根导线

　　B. 单向导线、往返导线、多边形导线

　　C. 闭合导线、附合导线、支导线

　　D. 经纬仪导线、电磁波导线、视距导线

5. 导线测量的外业工作是（　　）。

　　A. 选点、测角、量边

　　B. 埋石、造标、绘草图

　　C. 距离丈量、水准测量、角度

　　D. 测水平角、测竖直角、测斜距

6. 附合导线的转折角，一般用（　　）进行观测。

　　A. 测回法　　　B. 红黑面法　　　C. 三角高程法　　　D. 二次仪器高法

7. 若 C、D 间的坐标增量 X 方向为正，Y 方向为负，则直线 CD 的坐标方位角位于第（　　）象限。

　　A. 第一象限　　　B. 第二象限　　　C. 第三象限　　　D. 第四象限

8. 某直线段 AB 的坐标方位角为 $230°$，其两端间坐标增量的正负号为（　　）。

　　A. $-\Delta x$，$+\Delta y$　　　B. $+\Delta x$，$-\Delta y$　　　C. $-\Delta x$，$-\Delta y$　　　D. $+\Delta x$，$+\Delta y$

9. 导线全长闭合差的计算公式是（　　）。

　　A. $f_D = f_X + f_Y$　　　B. $f_D = f_X - f_Y$　　　C. $f_D = \sqrt{f_X^2 + f_Y^2}$　　　D. $f_D = \sqrt{f_X^2 - f_Y^2}$

10. 用导线全长相对闭合差来衡量导线测量精度的公式是（　　）。

　　A. $K = M/D$　　　B. $K = 1(D/|\Delta D|)$　　　C. $K = 1/(\Sigma D/f_D)$　　　D. $K = 1/(f_D/\Sigma D)$

11. 导线的坐标增量闭合差调整后，应使纵、横坐标增量改正数之和等于（　　）。

　　A. 纵、横坐标增值量闭合差，其符号相同

　　B. 导线全长闭合差，其符号相同

　　C. 纵、横坐标增量闭合差，其符号相反

　　D. 导线全长闭合差，其符号相反

12. 导线的角度闭合差的调整方法是将闭合差反符号后（　　）。

　　A. 按角度大小成正比例分配　　　B. 按角度个数平均分配

　　C. 按边长成正比例分配　　　D. 按边长成反比例分配

13. 导线坐标增量闭合差的调整方法是将闭合差反符号后（　　）。

    A. 按角度个数平均分配　　　　　　B. 按导线边数平均分配

    C. 按边长成反比例分配　　　　　　D. 按边长成正比例分配

14. 为什么要进行测站检核？测站检核的方法有哪些？

15. 闭合导线的坐标计算步骤是什么？

16. 闭合导线的坐标计算中坐标增量闭合差的调整原则是什么？

【实践活动】

1. 实训要求：以小组为单位完成 1 次图根级导线测量工作，将测量结果记录于表中。

2. 实训时间：4 学时。

3. 实训工具：经纬仪、30m 钢尺、标杆、测钎、标记笔、铅笔、记录板。

任务 3.7　GNSS 平面控制测量

【任务描述】

一、任务内容

本任务主要介绍了 GNSS 的基础概念和基本技术要求，要求初步掌握 GNSS 平面控制测量的外业工作，还简单介绍了数据处理方法。

二、相关规范

（1）《工程测量规范》GB 50026－2007

（2）《全球导航卫星系统（GNSS）测量型接收机 RTK 检定规程》CH/T 8018－2009

（3）《全球定位系统（GPS）测量规范》GB/T 18314－2009

（4）《全球定位系统实时动态测量（RTK）技术规范》CH/T 2009－2010

（5）《平面控制测量成果质量检验技术规程》CH/T 1022－2010

【任务实施】

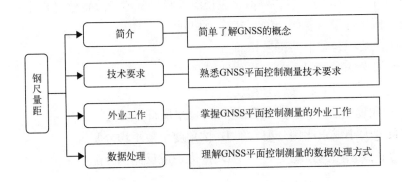

【学习支持】

一、GNSS 简介

GNSS 的全称是全球导航卫星系统（Global Navigation Satellite System），它是泛指所有的卫星导航系统，包括全球的、区域的和增强的，如美国的 GPS、俄罗斯的 Glonass、欧洲的 Galileo、中国的北斗卫星导航系统，以及相关的增强系统，如美国的 WAAS（广域增强系统）、欧洲的 EGNOS（欧洲静地导航重叠系统）和日本的 MSAS（多功能运输卫星增强系统）等，还涵盖在建和以后要建设的其他卫星导航系统。

卫星定位系统都是利用在空间飞行的卫星不断向地面广播发送某种频率并加载了某种特殊定位信息的无线电信号来实现定位测量的定位系统。卫星定位系统一般包括三个部分：空间运行的卫星星座、地面控制部分和用户部分。多个卫星组成的星座系统向地面广播发送某种时间信号、测距信号和卫星星历（卫星瞬时的坐标位置）信号。地面控制部分是指地面控制中心通过接收上述信号来精确测定卫星的轨道坐标、时钟差异，判断卫星运转是否正常，并向卫星注入新的轨道坐标，进行必要的轨道纠正。用户部分是指用户卫星信号接收机接收卫星发送的上述信号并进行处理计算，确定用户的位置。若用户接收机设在地面上某一确定目标，则实现定位目的；若用户接收机固连在运载工具（汽车、船舶等）上，则可实现导航功能。

目前全球用户使用最多的是 GPS 全球定位系统，用户接收机主要接收 GPS 信号，而少量国际知名品牌的 GPS 接收机还能同时接收到 GL、ONASS 或 GALILEO 等一种或两种卫星信号，即所谓的双星或三星接收机。如 Leica 公司的 1200 GG 接收机、Tirmble 公司的 R7、R8 接收机和 Topcon 公司推出的 G3 接收机等。

1. GPS 全球定位系统简述

美国的 GPS 全球定位系统从 1973 年起步，1978 年发射试验卫星，1994 年完成 24 颗卫星星座，至今已先后发展了三代卫星。

（1）GPS 星座参数

卫星高度：20200km；

卫星轨道周期：11h58min；

卫星轨道面：6 个，每个轨道至少 4 颗卫星；

轨道倾角，即卫星轨道面与地球赤道面的夹角：55°。

（2）GPS 卫星可见性

地球上任意时间、任意位置至少可见 4 颗卫星，通常可接收到 6 ～ 8 颗卫星信号。

（3）GPS 卫星信号

载波频率：GPS 卫星信号为加载在 L 波段上的双频信号，其频率分别是 L1 为 1575.42MHz，L2 为 1227.60MHz；

测距码：C/A 码伪距（民用），P1、P2 码伪距（军用）；

卫星识别：星座中不同卫星根据码分多址（CDMA），即调制码来区分；

导航数据即广播星历：包括卫星轨道坐标、卫星钟差方程式参数、电离层延迟修正等。

2. GLONASS 全球定位系统简述

GLONASS 是苏联于 20 世纪 80 年代初开始建设的与美国 GPS 全球定位系统相类似的卫星定位系统，现在由俄罗斯空间局管理，其整体结构也与 GPS 系统相类似，其主要差异在于星座的设计、信号载波频率和卫星的识别方法，具体参数为：

卫星星座：24 颗；

卫星高度：19100km；

卫星轨道周期：11h15min；

卫星轨道面：3 个，每个轨道 8 颗卫星；

轨道倾角：64.8°；

卫星识别：不同卫星根据频分多址（FDMA），即载波频率来区分。

3. 伽利略（GALILEO）全球定位系统简述

"伽利略"系统是世界上第一个基于民用的全球卫星导航定位系统，是欧洲自主、独立的全球多模式卫星定位导航系统，提供高精度、高可靠性的定位服务，实现完全非军方控制、管理，可以进行覆盖全球的导航和定位。其具体参数为：

卫星星座：30 颗，其中 27 颗工作卫星，3 颗备用卫星，目前已经成功发射首颗卫星；

卫星高度：24126km；

卫星轨道面：3 个，每个轨道 9 颗工作卫星和 1 颗备用卫星；

轨道倾角：56°。

二、GNSS（即 GPS）测量特点

相对于常规测量来说，GNSS 测量主要有以下特点：

1. 测量精度高。在小于 50km 的基线上，其相对定位精度可达 1×10^{-6}，在大于 1000km 的基线上可达 1×10^{-8}。

2. 测站间无需通视。可根据实际需要确定点位，方便选点。

3. 仪器操作简单。仪器较为自动和智能化，观测人员只需对中整平和设定参数，接收机可自动观测和记录。

4. 全天候作业。可保证任何时间、任何地点连续观测，基本不受天气影响。

5. 输出三维坐标。可精确得到测站点的三维坐标。

三、GNSS 平面控制测量的外业工作

1. 架设天线

在 GPS 点位或墩标上架设天线，保证天线严格对中与整平。并把天线定向标志指向北方，每时段观测前、后量取天线高各一次，两次互差小于 3mm 时，应取两次平均值作为最后结果，同时详细记录天线高的量取方式。

2. 开机观测

天线架设完成后，经检查接收机与电源、接收机与天线间的连接情况无误后，按作业调度表规定的时间开机作业，并逐项填写外业观测手簿。

具体操作步骤和方法依接收机的类型而异，但观测期间，操作员应注意以下几方面：

（1）必须在接收机有关指示灯与仪表正常时，进行测站、时段信息输入；

（2）注意查看接收卫星数、卫星号、相位测量残差、实时定位结果及其变化、存储介质以及电源情况等；

（3）不得随意关机并重新启动，不准改动卫星高度角的限值，不准改变数据采样间隔和仪器高等信息。

3. GPS 外业测量手簿

测量手簿应全面记录测站的相关信息，应该现场填写，并有可追溯性，以便内业计算时使用。手簿中应记录测站名称（测站号）、观测时段号、观测日期、观测者、测站类别（新选点、原等级控制点或水准点）、观测起止时间、接收机编号、对应天线号以及天线高三次量取值和量取方式等。

4. 数据存储

每日观测结束后，应及时将存储介质上的数据进行传输、拷贝，并及时将外业观测记录结果录入计算机，利用随机软件进行基线解算。

四、GNSS 平面控制测量的数据处理

主要分为基线解算和网平差两个阶段，采用随机软件来完成。通过基线解算、质量检核、外业重测和网平差等计算处理，得到控制点的三维坐标，其各项精度指标符合技术设计要求。具体步骤如下：

1. 将观测数据载入计算机，计算基线向量。

2. 对解算结果进行校核，一般有同步环和异步环的检测。根据规范，剔除误差大的数据，必要时需进行重测。

3. 将基线向量组网进行平差。

4. 通过平差计算，最终得到各测点在指定坐标系中的坐标，并对坐标值的精度进行评定。

【能力测试】

简述 GNSS 测量外业工作的实施步骤。

【实践活动】

1. 实训要求：以班为单位模拟完成 1 次 GNSS 平面控制测量工作。

2. 实训时间：3 学时。

3. 实训工具：GNSS 设备、记录板、标记笔、铅笔。

项目 4
竖直角及应用

【项目概述】

在同一竖直面内，一点到目标的方向线与水平线之间的夹角称为竖直角。

利用经纬仪测量竖直角，间接测算水平距离和高差的方法，具有观测简便、灵活、公式推导精确，而且简单易算、测算结果精度较高的特点。此方法可用于各种碎部测量以及在地形复杂地区满足一定的测量精度。电子经纬仪的发展及普及，大大提高了竖直角测量的精度，使得应用倾角法测算水平距离、高差的精度也得到了显著提高。

三角高程测量是根据两点间的水平距离和垂直角，计算两点间的高差。

视距测量是利用经纬仪、水准仪的望远镜内十字丝分划板上的视距丝在视距尺（水准尺）上读数，根据光学和几何学原理，同时测定仪器到地面点的水平距离和高差的一种方法。

本项目主要包含以下四个主要任务：一是竖直角的观测；二是三角高程测量；三是视距测量；四是经纬仪的经验与校正。

【学习目标】

通过本项目的学习，你将能够：

（1）会使用经纬仪进行竖直角的测量；

（2）会使用经纬仪进行三角高程测量；

（3）会使用经纬仪进行视距测量；

（4）能对经纬仪进行检验和校正。

任务 4.1 竖直角测量

【任务描述】

通过竖直角的观测，要求大家熟悉经纬仪竖直度盘部分的构造，能正确判断自己所使用仪器的竖盘注记形式，能正确完成竖直角观测手簿的记录和计算。

一、任务内容

每小组在实训场地周围选取两个目标，目标选取应高、低都有，以便观测的竖直角既有仰角又有俯角，如图 4-1 所示。按表 4-1 的格式编制实验报告。

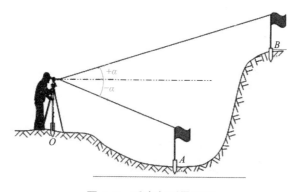

图 4-1 垂直角测量原理

竖直角观测手簿   表 4-1

日期：____ 年 __ 月 __ 日   天气：____   仪器型号：_____   组号：_____

测站	目标	竖盘位置	竖盘读数 (° ′ ″)	半测回竖直角 (° ′ ″)	指标差 (″)	一测回竖直角 (° ′ ″)	观测者
		左					
		右					
		左					
		右					
		左					
		右					

二、相关规范

（1）《工程测量规范》GB 50026–2007

（2）《城市测量规范》CJJ/T 8–2011

【任务实施】

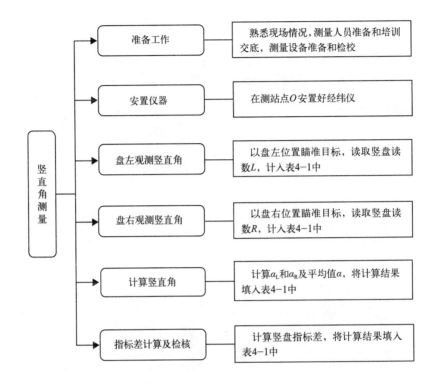

【学习支持】

一、竖直角测量原理

在同一竖直面内，目标方向与水平方向间的锐角，用 α 表示。称此角为竖直角（又称竖角或垂直角），范围在 $-90° \sim +90°$。

视线向上倾斜时，称之为仰角，α 为正值；视线向下倾斜时，称之为俯角，α 为负值，如图 4-1 所示。

竖直角为目标视线读数与水平视线读数之差。

在用经纬仪观测竖直角时，当望远镜视线水平时，照准部水准管气泡居中，竖盘指标水准管气泡居中，读数指标是固定值（一般为盘左 90°、盘右 270°）。

二、竖直度盘的构造

经纬仪竖盘包括竖直度盘、竖盘指标水准管和竖盘指标水准管微动螺旋。竖直度盘固定在横轴一端，可随望远镜在竖直面内转动。分微尺的零刻划线是竖盘读数的指标线，可看成与竖盘指标水准管固连在一起，指标水准管气泡居中时，指标就处于正确位置。如果望远镜视线水平，竖盘读数应为 90° 或 270°。当望远镜上下转动瞄准不同高度的目标时，竖盘随着转动，而指标线不动，因而可读得不同位置的竖盘读数，用以计算不同高度目标的竖直角，如图 4-2 所示。

为测竖直角而设置的竖直度盘（简称竖盘）固定安置于望远镜旋转轴（横轴）的一端，其刻划中心与横轴的旋转中心重合。所以在望远镜作竖直方向旋转时，度盘也随之转动。另外有一个固定的竖盘指标，以指示竖盘转动在不同位置时的读数，这与水平度盘是不同的。

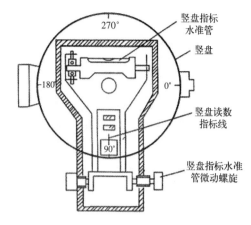

图 4-2 竖直度盘的构造

竖直度盘的刻划也是在全圆周上刻为 360°，但注字的方式有顺时针及逆时针两种。通常在望远镜方向上注以 0° 及 180°，如图 4-3 所示。在视线水平时，指标所指的读数为 90° 或 270°。竖盘读数也是通过一系列光学组件传至读数显微镜内读取。

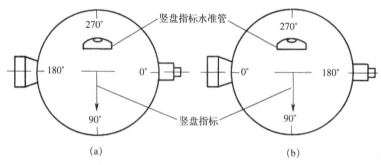

图 4-3 竖直度盘刻度注记

对竖盘指标的要求是始终能够读出与竖盘刻划中心在同一铅垂线上的竖盘读数。为了满足这个要求，它有两种构造形式：一种是借助于与指标固连的水准器的指示，使其处于正确位置，在早期的仪器都属此类；另一种是借助于自动补偿器，使其在仪器整平后，自动处于正确位置。

三、竖直角计算公式

竖直角的计算方法，因竖盘刻划的方式不同而异。但现在已逐渐统一为全圆分度，顺时针增加注字，且在视线水平时的竖盘读数为 90°。现以这种刻划方式的竖盘为例，说明竖直角的计算方法，如遇其他方式的刻划，可以根据同样的方法推导其计算公式。

盘左位置：如图 4-4（a）所示，当视线水平时，竖盘的读数为 90°，如照准高处某点，则视线向上倾斜，得读数 L。按前述的规定，竖直角应为"＋"值，所以盘左时的竖直角应为：

$$\alpha_{左} = 90° - L \tag{4-1}$$

盘右位置：如图 4-4（b）所示，当视线水平时，竖盘读数为 270°，在照准高处的同一点时，得读数 R，则竖直角应为：

$$\alpha_{右} = R - 270° \tag{4-2}$$

取盘左、盘右的平均值，即为一个测回的竖直角值，即

$$\alpha = \frac{\alpha_{左} + \alpha_{右}}{2} = \frac{R - L - 180°}{2} \tag{4-3}$$

如果测多个测回，则取各个测回的平均值作为最后成果。

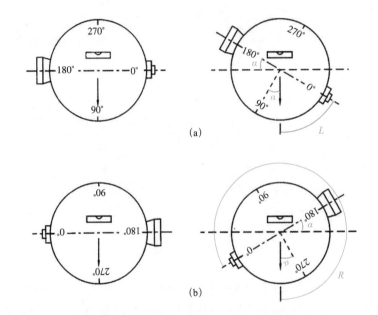

图 4-4 竖直角计算分析图
(a) 盘左；(b) 盘右

四、竖盘指标差

如果指标不位于过竖盘刻划中心的铅垂线上，如图 4-5 所示，视线水平时的读数不是 90° 或 270°，而相差 x，这样用一个盘位测得的竖直角值，即含有误差 x，这个误差称为竖盘指标差。为求得正确角值 α，需加入指标差改正。即：

$$\alpha = \alpha_{左} + x \tag{4-4}$$
$$\alpha = \alpha_{右} - x \tag{4-5}$$

解上两式可得：

$$\alpha = \frac{\alpha_{右} + \alpha_{左}}{2} \tag{4-6}$$

$$x = \frac{\alpha_{右} - \alpha_{左}}{2} \tag{4-7}$$

从式（4-6）可以看出，取盘左、盘右结果的平均值时，指标差 x 的影响已自然消除。将式（4-1）、式（4-2）代入式（4-7），可得：

$$x = \frac{R + L - 360°}{2} \tag{4-8}$$

即利用盘左、盘右照准同一目标的读数，可按上式直接求算指标差 x。如果 x 为正值，说明视线水平时的读数大于 90° 或 270°，如果为负值，则情况相反。

以上各公式是按顺时针方向注字的竖盘推导的，同理也可推导出逆时针方向注字竖盘的计算公式。

在竖直角测量中，常常用指标差来检验观测的质量，即在观测的不同测回中或不同的目标时，指标差的较差应不超过规定的限值。对于 DJ$_6$ 经纬仪，同一测站上不同目标的指标差互差或同方向各测回指标差互差，不应超过 25″；对于 DJ$_2$ 经纬仪，同一测站上不同目标的指标差互差或同方向各测回指标差互差，不应超过 15″。此外，在单独用盘左或盘右观测竖直角时，按式（4-4）式（4-5）加入指标差 x，仍可得出正确的角值。

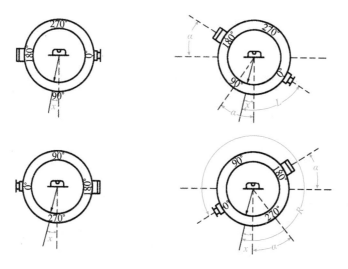

图 4-5　竖盘指标差示意图

五、竖直角观测方法及计算

由竖直角的定义已知，它是倾斜视线与在同一铅垂面内的水平视线所夹的角度。由于水平视线的读数是固定的，所以只要读出倾斜视线的竖盘读数，即可求算出竖直角值。但为了消除仪器误差的影响，同样需要用盘左、盘右观测。其具体观测步骤为：

1. 在测站上安置仪器，对中，整平。

2. 以盘左照准目标，如果是指标带水准器的仪器，必须用指标微动螺旋使水准器气泡居中，然后读取竖盘读数 L，称为上半测回。

3. 将望远镜倒转，以盘右用同样方法照准同一目标，使指标水准器气泡居中后，读取竖盘读数 R，称为下半测回。

如果用指标带补偿器的仪器，在照准目标后即可直接读取竖盘读数。根据需要可测多个测回。

【例 4-1】用 DJ_6 经纬仪观测一点 A，盘左、盘右测得的竖盘读数见表 4-2 竖盘读数一栏，计算观测点 A 的竖直角和竖盘指标差。

竖直角观测记录　　　　　　　　　　　表 4-2

测站	测点	盘位	竖盘读数 ° ′ ″	半测回角值 ° ′ ″	一测回角值 ° ′ ″	指标差
O	A	左	80° 04′ 12″	9° 55′ 48″	9° 55′ 45″	−3″
		右	279° 55′ 42″	9° 55′ 42″		

注：盘左时，望远镜读数为 90°，望远镜上抬读数减小。

【解】

由式（4-1）、式（4-2）得半测回角值：

$$\alpha_L = 90° - L = 90° - 80°\ 04′\ 12″ = 9°\ 55′\ 48″$$
$$\alpha_R = R - 270° = 279°\ 55′\ 42″ - 270° = 9°\ 55′\ 42′$$

由式（4-3）得一测回角值：

$$\alpha = \frac{\alpha_L + \alpha_R}{2} = \frac{9°\ 55′\ 48″ + 9°\ 55′\ 42″}{2} = 9°\ 55′\ 45″$$

由式（4-8）得竖盘指标差：

$$x = \frac{R + L - 360°}{2} = \frac{80°\ 04′\ 12″ + 279°\ 55′\ 42″ - 360°}{2} = -3″$$

【能力测试】

已知竖直角观测数据，见表 4-3，试完成该表格的计算。

竖直角观测记录表　　　　　　　　　　　　　　　　　表 4-3

测站	目标	竖盘位置	竖盘读数（° ′ ″）	半测回竖直角（° ′ ″）	指标差（″）	一测回竖直角（° ′ ″）
O	A	左	72 18 18			
		右	287 42 00			
O	B	左	96 32 48			
		右	263 27 30			

【实践活动】

以小组为单位完成竖直角测量工作任务。

1. 实训组织：每个小组 3 ~ 4 人，每组选 1 名组长，按观测、记录、计算、校核等工作进行任务分工，并在工作中轮换分工，熟悉各项工作。

2. 实训时间：1 学时。

3. 实训工具

（1）经纬仪 1 套、记录板 1 块、测伞、记录表若干

（2）计算器、铅笔

任务 4.2　三角高程测量

【任务描述】

三角高程测量的基本思想是根据由测站向照准点所观测的垂直角（或天顶距）和它们之间的水平距离，计算测站点与照准点之间的高差。这种方法简便灵活，受地形条件的限制较少，故适用于测定三角点的高程。三角点的高程主要是作为各种比例尺测图的高程控制的一部分。一般都是在一定密度的水准网控制下，用三角高程测量的方法测定三角点的高程。

一、任务内容

在空旷的地面上布设 4 个间距约为 60m 的点，每个点上都打入地钉，构成 1 个 4 个高程点的闭合环，如图 4-6 所示。请用对向观测法进行三角高程的观测，并按表 4-4 的格式编制实验报告。

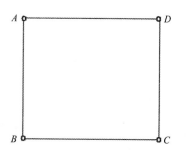

图 4-6　三角高程测量试验点位布设图

对向观测三角高程计算表 表 4-4

测段	往返	斜距	垂直角	仪器高	目标高	高差	高差平均值	备注
	往							
	返							
	往							
	返							
	往							
	返							
	往							
	返							

二、相关规范

(1)《工程测量规范》GB 50026-2007

(2)《城市测量规范》CJJ/T 8-2011

(3)《公路勘测规范》JTG C10-2007

【任务实施】

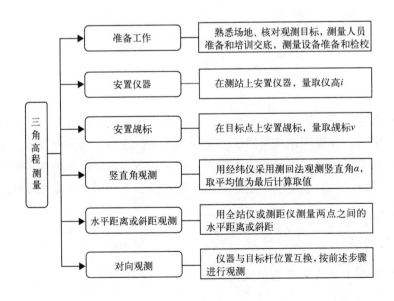

【学习支持】

（一）三角高程测量的基本原理

三角高程测量是根据两点间的水平距离或斜距离以及竖直角按照三角公式求出两

点间的高差。如图 4-7 所示，已知 A 点的高程，欲求 AB 两点之间的高差 h_{AB}，并获得 B 点的高程。

在 A 点安置经纬仪，并量取仪器横轴中心（一般在仪器固定横轴的支架上有一红点）到 A 点桩顶的高度，称为仪高 i，在 B 点安置标尺或棱镜并量取顶高度，称为觇高 v，望远镜十字丝中丝照准 B 点觇高 v 的对应位置，测得竖直角 α，若获得 AB 两点间的水平距离 D_{AB} 或斜距 S_{AB}（可以用测距仪测得或视距测量获得），则可以计算出 AB 两点之间的高差及 B 点高程：

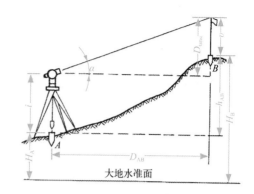

图 4-7　三角高程测量原理

$$h_{AB} = D_{AB} \tan \alpha + i - v \tag{4-9}$$

或

$$h_{AB} = S_{AB} \sin \alpha + i - v \tag{4-10}$$

$$H_B = H_A + h_{ab} = H_A + D_{AB} \tan \alpha + i - v = H_A + S_{AB} \sin \alpha + i - v \tag{4-11}$$

计算中竖直角 α 为仰角时取正值，为俯角时取负值。

（二）三角高程测量的方法

在测站上安置仪器（经纬仪或全站仪），量取仪高 i；在目标点上安置觇标（标杆或棱镜），量取觇标高 v。

用经纬仪或全站仪采用测回法观测竖直角 α，取平均值为最后计算取值。

用全站仪或测距仪测量两点之间的水平距离或斜距。

采用对向观测，即仪器与目标杆位置互换，按前述步骤进行观测。

应用推导出的公式计算出高差及由已知点高程计算未知点高程。

（三）三角高程测量的基本技术要求

对于三角高程测量，控制等级分为四等及五等，其中代替四等水准的光电测距高程路线应起闭于不低于三等的水准点上，其边长不应大于 1km，且路线最大长度不应超过四等水准路线的最大长度。《工程测量规范》GB 50026-2007 中有关三角高程测量的具体技术要求见表 4-5。

三角高程测量的主要技术指标　　　　　　　　　　　　　　表 4-5

等级	仪器	测距边测回数	竖直角测回数	指标差较差（"）	竖直角测回差（"）	对向观测高差较差（mm）	附合路线或环线闭合差（mm）
四等	DJ$_2$	往返各一次	3	≤ 7	≤ 7	$40\sqrt{D}$	$20\sqrt{\Sigma D}$
五等	DJ$_2$	1	2	≤ 10	≤ 10	$60\sqrt{D}$	$30\sqrt{\Sigma D}$

【知识拓展】

三角高程测量主要误差来源及减弱措施

观测边长 D、垂直角 α、仪高 i 和觇标高 v 的测量误差及大气垂直折光系数 K 的测定误差均会给三角高程测量成果带来误差。

1. 边长误差

边长误差决定于距离丈量方法。用普通视距法测定距离，精度只有 1/300；用电磁波测距仪测距，精度很高，边长误差一般为几万分之一到几十万分之一。边长误差对三角高程的影响与垂直角大小有关，垂直角愈大，其影响也愈大。

2. 垂直角误差

垂直角观测误差包括仪器误差、观测误差和外界环境的影响。DJ$_6$ 经纬仪两测回垂直角平均值的中误差可达 $\pm15''$。垂直角误差对三角高程的影响与边长及推算高程路线总长有关，边长或总长愈长，对高程的影响也愈大。

因此，垂直角的观测应选择大气折光影响较小的阴天和每天的中午观测，推算三角高程路线还应选择短边传递，对路线上边数也有限制。

3. 大气垂直折光系数误差

大气垂直折光系数误差主要表现为折光系数 K 值测定误差。

4. 丈量仪高和觇标高的误差

仪高和觇标高的量测误差有多大，对高差的影响也会有多大。因此，应仔细量测仪高和觇标高。

【能力拓展】

三角高程测量的高差改正与计算

在用三角高程测量方法测量两点之间的高程时，若两点之间的距离较远（200m 以上），则不能用水平面来代替水准面，而应按照曲面计算，即应考虑地球曲率及大气折光的改正。

地球曲率改正 $f_1 = D^2/2R$

大气折光改正 $f_2 = -f_1/7 = -0.14D^2/2R$

总改正 $f = f_1 + f_2 = 0.43D^2/2R$

式中：D 为两点之间的水平距离；R 为地球半径，计算时取 6371km。

表 4-6 为不同水平距离下的改正数。

三角高程测量时不同水平距离下的地球曲率与大气折光改正   表 4-6

D (m)	f (mm)	D (m)	f (mm)	D (m)	f (mm)
100	0.67	1000	67	2500	422
200	2.7	1500	152	3000	607
500	16.87	2000	270	5000	1687

【例 4-2】计算详见表 4-7。

三角高程测量计算表   表 4-7

起算点	A	
测量点	B	
测量方向	往（A-B）	返（B-A）
倾斜距离 S（m）	581.114	581.114
竖直角 α（° ′ ″）	10 24 30	−10 26 48
$S \sin \alpha$	104.985	−105.368
仪器高 i（m）	2.106	1.875
目标高 v（m）	1.855	1.780
改正数 f（m）	0.022	0.022
高差 h（m）	105.258	−105.251
平均高差（m）	105.254	

【能力测试】

如图 4-7 所示，已知 A 点高程为 25.000m，现用三角高程测量方法进行往返观测，数据如表 4-8 所示，计算 B 点的高程。

三角高程数据   表 4-8

测站	目标	直线距离 S（m）	竖直角 α	仪器高 i（m）	标杆高 v（m）
A	B	213.634	3° 32′ 12″	1.50	2.10
B	A	213.643	2° 48′ 42″	1.52	3.32

【实践活动】

以小组为单位完成三角高程测量工作任务。

1. 实训组织：每个小组 3～4 人，每组选 1 名组长，按观测、记录、计算、立杆、校核等工作进行任务分工，并在工作中轮换分工，熟悉各项工作。

2. 实训时间：1 学时。

3. 实训工具

（1）每组借全站仪 1 台，棱镜 1 只，钢尺 1 把，记录板 1 块

（2）计算器、铅笔

任务 4.3　视距测量

【任务描述】

视距测量是根据几何光学原理，利用仪器望远镜筒内的视距丝在标尺上截取读数，应用三角公式计算两点距离，可同时测定地面上两点间水平距离和高差的测量方法。视距测量的优点是操作方便、观测快捷，一般不受地形影响。其缺点是测量视距和高差的精度较低，测距相对误差约为 1/200 ～ 1/300。尽管视距测量的精度较低，但还是能满足测量地形图碎部点的要求，所以在测绘地形图时，常采用视距测量的方法测量距离和高差。

一、任务内容

根据如图 4-1 的场地布置，完成测站点 O 与 A、B 点之间的距离测量。按表 4-9 的格式编制实验报告。

视距测量手簿　　　　　　　　　　　　　　　　　　　　　表 4-9

测站：　　　　　　　　测站高程：　　　　　　　器高：

点号	视距Kl（m）	中丝读数（m）	竖盘读数	竖直角	水平距离（m）	高差（m）	高程（m）	备注
A								
B								

二、相关规范

(1)《工程测量规范》GB 50026－2007
(2)《公路勘测规范》JTG C10－2007
(3)《公路勘测细则》JTG/T C10－2007

【任务实施】

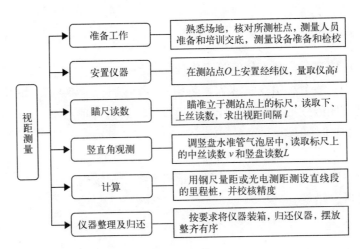

视距测量	准备工作	熟悉场地，核对所测桩点，测量人员准备和培训交底，测量设备准备和检校
	安置仪器	在测站点 O 上安置经纬仪，量取仪高 i
	瞄尺读数	瞄准立于测站点上的标尺，读取下、上丝读数，求出视距间隔 l
	竖直角观测	调竖盘水准管气泡居中，读取标尺上的中丝读数 v 和竖盘读数 L
	计算	用钢尺量距或光电测距测设直线段的里程桩，并校核精度
	仪器整理及归还	按要求将仪器装箱，归还仪器，摆放整齐有序

【学习支持】

一、视距测量原理

1. 视线水平时的水平距离和高差公式

如图 4-8 所示，在 A 点安置经纬仪，在 B 点竖立视距尺，用望远镜照准视距尺，当望远镜视线水平时，视线与尺子垂直。如果视距尺上 M、N 点成像在十字丝分划板上的

两根视距丝 m、n 处，那么视距尺上 MN 的长度，可由上、下视距丝读数之差求得。上、下视距丝读数之差称为视距间隔或尺间隔，用 l 表示。

在图 4-8 中，$p=\overline{mn}$ 为上、下视距丝的间距，$L=\overline{MN}$ 为视距间隔，f 为物镜焦距，δ 为物镜中心到仪器中心的距离。由相似 $\triangle \, m'Fn'$ 和 $\triangle \, MFN$ 可得

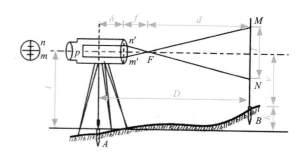

图 4-8　视线水平时视距测量原理

$$\frac{d}{l}=\frac{f}{p} \quad 即 \; d=\frac{f}{p}l$$

因此，由图 4-8 得

$$D=d+f+\delta=\frac{f}{p}l+f+\delta$$

令 $K=\dfrac{f}{p}$，$f+\delta=C$，则有

$$D = Kl + C \tag{4-12}$$

式中：K 为视距乘常数，通常 $K=100$；C 为视距加常数。

式（4-12）是用外对光望远镜进行视距测量时计算水平距离的公式。对于内对光望远镜，其加常数 C 值接近零，可以忽略不计，故水平距离为

$$D = Kl = 100l \tag{4-13}$$

同时，由图 4-8 可知，A、B 两点间的高差 h 为

$$h = i - v \tag{4-14}$$

式中　i——仪器高（m）；

　　　v——十字丝中丝在视距尺上的读数，即中丝读数（m）。

2. 视线倾斜时的水平距离和高差公式

在地面起伏较大的地区进行视距测量时，必须使望远镜视线处于倾斜位置才能瞄准尺子。此时，视线不垂直于竖立的视距尺尺面，因此式（4-12）和式（4-13）不再适

用。下面介绍视线倾斜时的水平距离和高差的计算公式。

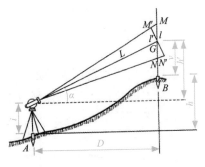

图 4-9　视线倾斜时视距测量原理

如图 4-9 所示，如果把竖立在 B 点上的视距尺的尺间隔 MN，换算成与视线相垂直的尺间隔 $M'N'$，就可用式（4-13）计算出倾斜距离 L。然后再根据 L 和垂直角 α，计算出水平距离 D 和高差 h。

从图 4-9 可知，在 $\triangle GM'M$ 和 $\triangle GN'N$ 中，由于 φ 角很小（约 $34'$），可把 $\angle GM'M$ 和 $\angle GN'N$ 视为直角。而 $\angle MGM' = \angle NGN' = \alpha$，因此

$$M'N' = M'G + GN' = MG\cos\alpha + GN\cos\alpha = MN\cos\alpha$$

式中 $M'N'$ 就是假设视距尺与视线相垂直的尺间隔 l'，MN 是尺间隔 l，所以

$$l' = l\cos\alpha$$

将上式代入式（4-13），得倾斜距离 L。

$$L = Kl' = Kl\cos\alpha$$

因此，A、B 两点间的水平距离为：

$$D = L\cos\alpha = Kl\cos^2\alpha \tag{4-15}$$

式（4-15）为视线倾斜时水平距离的计算公式。

由图 4-9 可以看出，A、B 两点间的高差 h 为：

$$h = h' + i - v$$

式中：h'——高差主值（也称初算高差）。

$$h' = L\sin\alpha = Kl\cos\alpha\sin\alpha = \frac{1}{2}Kl\sin2\alpha \tag{4-16}$$

所以

$$h = \frac{1}{2}Kl\sin2\alpha + i - v \tag{4-17}$$

式（4-17）为视线倾斜时高差的计算公式。

二、视距测量的观测与计算

欲测定 A、B 两点间的平距和高差，已知 A 点高程求 B 点高程。观测和计算步骤如下：

1. 在测站 A 点上安置经纬仪，对中、整平，量取仪器高 i，置望远镜于盘左位置。

2.瞄准立于测点上的标尺，读取下、上丝读数（读到毫米），求出视距间隔 l，或将上丝瞄准某整分米处下丝直接读出视距 Kl 之值。

3.调竖盘指标水准管气泡居中，读取标尺上的中丝读数 v（读到毫米）和竖盘读数 L（读到分米）。

4.计算

（1）尺间隔　$l=$ 下丝读数 $-$ 上丝读数

（2）视距　$Kl=100l$

（3）竖直角　$\alpha=90°-L$

（4）水平距离　$D=Kl\cos^2\alpha$

（5）高差　$h=D\tan\alpha+i-v$

（6）测点高程　$H_B=H_A+h$

【例 4-3】表 4-10 中，测站 A 点的高程为 $H_A=312.673$m，仪器高 $i=1.46$m，1 点的上、下丝读数分别为 2.317m 和 2.643m，中丝读数 $v=2.480$m，竖盘读数 $L=87°42'$，求 1 点的水平距离和高程。

【解】根据上述计算方法，具体计算过程如下：

尺间隔　$l=2.643-2.317=0.326$m

视距　$Kl=100\times0.326=32.6$m

竖直角　$\alpha=90°-87°42'=2°18'$

水平距离　$D=32.6\times\cos22°18'=32.5$m

高差　$h=32.5\times\tan2°18'+1.46-2.48=0.28$m

测点高程　$H_1=312.673+0.28=312.953$m

视距测量手簿

表 4-10

测站：A　　测站高程：312.673m　　仪器高：1.46m

点号	视距Kl（m）	中丝读数（m）	竖盘读数	竖直角	水平距离（m）	高差（m）	高程（m）	备注
1	32.6	2.480	87°42′	2°18′	32.5	0.28	312.953	
2	58.7	1.690	96°15′	−6°15′	58.0	−6.58	306.093	
3	89.4	2.170	88°51′	1°09′	89.4	1.08	313.753	

【知识拓展】

视距误差及注意事项

1.用视距丝读取尺间隔的误差

读取视距尺间隔的误差是视距测量误差的主要来源，因为视距尺间隔乘以常数，其误差也随之扩大 100 倍。因此，读数时注意消除视差，认真读取视距尺间隔。另外，对于一定的仪器来讲，应尽可能缩短视距长度。

2. 垂直角测定误差

从视距测量原理可知，垂直角误差对于水平距离影响不显著，而对高差影响较大，故用视距测量方法测定高差时应注意准确测定垂直角。读取竖盘读数时，应严格令竖盘指标水准管气泡居中。对于竖盘指标差的影响，可采用盘左、盘右观测取垂直角平均值的方法来消除。

3. 标尺倾斜误差

标尺立不直，前后倾斜时将给视距测量带来较大误差，其影响随着尺子倾斜度和地面坡度的增加而增加。因此标尺必须严格铅直（尺上应有水准器），特别是在山区作业时。

4. 外界条件的影响

（1）大气垂直折光影响

由于视线通过的大气密度不同而产生垂直折光差，而且视线越接近地面垂直折光差的影响也越大，因此观测时应使视线离开地面至少 1m 以上（上丝读数不得小于 0.3m）。

（2）空气对流使成像不稳定产生的影响。这种现象在视线通过水面和接近地表时较为突出，特别在烈日下更为严重。因此应选择合适的观测时间，尽可能避开大面积水域。

此外，视距乘常数 K 的误差、视距尺分划误差等都将影响视距测量的精度。

【能力测试】

设竖直角计算公式为 $\alpha=90°-L$，试计算表 4-11 中视距测量各栏数据。

视距测量手簿 表 4-11

测站：A　　　　测站高程：82.893m　　　仪器高：1.42m

点号	视距KI（m）	中丝读数（m）	竖盘读数	竖直角	水平距离（m）	高差（m）	高程（m）	备注
1	48.8	3.84	85°12′					
2	32.7	0.89	95°45′					
3	86.4	2.23	78°41′					

【实践活动】

以小组为单位完成视距测量工作任务。

1. 实训组织：每个小组 3～4 人，每组选 1 名组长，按观测、记录、计算、立标杆、校核等工作进行任务分工，并在工作中轮换分工，熟悉各项工作。

2. 实训时间：1 学时。

3. 实训工具

（1）经纬仪 1 套、水准尺 1 根、记录板 1 块

（2）计算器、铅笔

任务 4.4　经纬仪的检验与校正

【任务描述】

按照计量法的要求，经纬仪与其他测绘仪器一样，必须定期送法定检测机关进行检测，以评定仪器的性能和状态。但在使用过程中，仪器状态会发生变化，因而仪器的使用者应经常利用室外方法进行检验和校正，以使仪器经常处于理想状态。

一、任务内容

对经纬仪进行检验和校正，按表 4-12 的格式编制实验报告。

经纬仪的检验与校正记录表　　　　　　　　表 4-12

日期＿＿＿＿＿＿　班组＿＿＿＿＿＿　观测＿＿＿＿＿＿

仪器＿＿＿＿＿＿　记录＿＿＿＿＿＿

1. 一般检查

三脚架是否牢固		望远镜制动螺旋是否有效	
脚螺旋是否有效		望远镜微动螺旋是否有效	
照准部转动是否灵活		望远镜成像是否清晰	
照准部制动螺旋是否有效		复测扳手或水平度盘变换手轮是否有效	
照准部微动螺旋是否有效		粗瞄准器方向是否正确	

2. 照准部水准管轴垂直于竖轴的检验

检验次第	1	2	3	平均	校正意见
气泡偏离格数					

3. 十字丝的竖丝垂直于横轴的检验

检验次第	1	2	3	平均	校正意见
目标偏离纵丝最大距离（mm）					

4. 视准轴垂直于横轴的检验（1/4 法）

检验次第	1	2	3	平均	$2C$	校正意见
MN 的长（mm）						
OB 的距离（m）						
检验略图						

5. 横轴垂直于竖轴的检验

检验次第	1	2	3	平均	i	检验略图
m_1m_2的长（mm）						
pm的距离（m）						
校正意见						

6. 光学对中器的检验

检验次第	1	2	3	平均	校正意见
旋转180°后的偏距（mm）					
改变仪器高后旋转180°后的偏距（mm）					

7. 竖盘指标差的检验

照准点号	盘左读数L （° ′ ″）	盘右读数R （° ′ ″）	$x=\frac{1}{2}(L+R-360°)$	$R'=R-x$

二、相关规范

（1）《光学经纬仪》GB/T 3161–2003

（2）《光学经纬仪检定规程》JJG 414–2011

【任务实施】

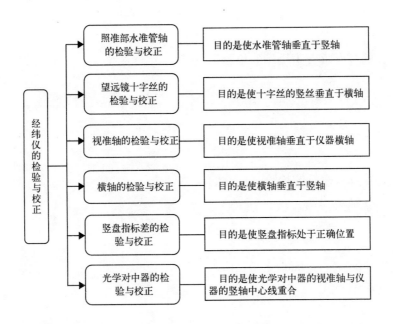

【学习支持】

一、经纬仪各轴线间应满足的几何关系

经纬仪是根据水平角和竖直角的测角原理制造的，当水准管气泡居中时，仪器旋转轴竖直、水平度盘水平，则要求水准管轴垂直竖轴。测水平角要求望远镜绕横轴旋转为一个竖直面，就必须保证视准轴垂直横轴。另一点保证竖轴竖直时横轴水平，要求横轴垂直竖轴。照准目标使用竖丝，只有横轴水平时竖丝竖直，要求十字丝竖丝垂直横轴。为使测角达到一定精度，仪器其他状态也应达到一定标准。综上所述，经纬仪应满足的基本几何关系如图 4-10 所示。

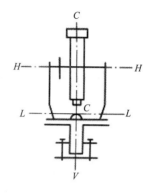

图 4-10 经纬仪轴线

（1）照准部水准管轴应垂直于竖轴；$LL \perp VV$
（2）十字丝竖丝应垂直于横轴；
（3）视准轴应垂直于横轴；$CC \perp HH$
（4）横轴应垂直于竖轴；$HH \perp VV$
（5）竖盘指标应处于正确位置；
（6）光学对中器视准轴应该与竖轴中心线重合。

上述这些条件在仪器出厂时一般都能满足，但由于长期使用或搬动中受到震动，以上关系会发生改变，所以要经常对仪器进行检验和校正或按规定送检。

二、经纬仪的检验和校正

（一）照准部水准管轴垂直于竖轴的检验和校正

1. 检验方法

（1）调节脚螺旋，使水准管气泡居中；

（2）将照准部旋转 180° 看气泡是否居中，如果仍然居中，说明满足条件，无需校正，否则需要进行校正。

2. 校正方法

（1）在检验的基础上调节脚螺旋，使气泡向中心移动偏移量的一半。

（2）用拨针拨动水准管一端的校正螺旋，使气泡居中。

此项检验和校正需反复进行，直到气泡在任何方向偏离值在 1/2 格以内。另外，经纬仪上若有圆水准器，也应对其进行检校，当管水准器校正完善并对仪器精确整平后，圆水准器的气泡也应该居中，如果不居中，应拨动其校正螺丝使其居中。

（二）十字丝的竖丝垂直于横轴的检验和校正

1. 检验方法

（1）精确整平仪器，用竖丝的一端瞄准一个固定点，旋紧水平制动螺旋和望远镜制动螺旋。

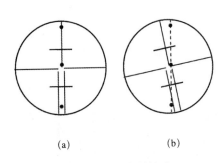

(a)   (b)

图 4-11　十字丝检验

(a)点位始终在十字丝上；（b）点位偏离

（2）转动望远镜微动螺旋，观察"·"点，是否始终在竖丝上移动，若始终在竖丝上移动，如图 4-11（a）所示，说明满足条件，否则需要进行校正，如图 4-11（b）所示。

2.校正方法

（1）拧下目镜前面十字丝的护盖，松开十字丝环的压环螺丝；

（2）转动十字丝环，使竖丝到达竖直位置，然后将松开的螺丝拧紧。

此项检验校正工作需反复进行。

（三）视准轴的检验和校正

目的：使视准轴垂直于仪器横轴，若视准轴不垂直于横轴，则偏差角为 c，即为视准轴误差。视准轴误差的检验与校正方法，通常有度盘读数法和标尺法两种。

1.度盘读数法

（1）检验方法

◆ 安置仪器，盘左瞄准远处与仪器大致同高的一点 A，读水平度盘读数为 b_1；

◆ 倒转望远镜，盘右再瞄准 A 点，读水平度盘读数为 b_2；

◆ 若 $b_1-b_2=\pm180°$，则满足条件，无需校正，否则需要进行校正。

（2）校正方法

◆ 转动水平微动螺旋，使度盘读数对准正确的读数。

$$b=\frac{1}{2}[b_1+(b_2\pm180°)]\qquad(4-18)$$

◆ 用拨针拨动十字丝环左右校正螺丝，使十字丝竖丝瞄准 A 点。

上述方法简便，在任何场地都可以进行，但对于单指标读数 DJ_6 级经纬仪，仅在水平度盘无偏心或偏心差影响小于估读误差时才有效，否则将得不到正确结果。

2.标尺法

（1）检验方法

如图 4-12（a）所示，选择长度约为 100m 较平坦场地，安置仪器于中点 O，在 A 点与仪器同高处设置标志，在 B 点同高处横放一根水准尺，使其垂直于 OB 视线。

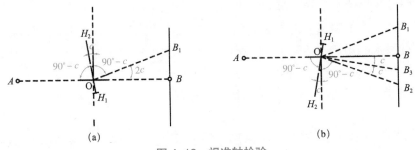

图 4-12　视准轴检验

(a) 盘左；（b）盘右

◆ 盘左位置瞄准 A 点，旋紧水平制动螺旋，倒转望远镜成盘右位置，在尺上读数为 B_1。

◆ 盘右位置瞄准 A 点，旋紧水平制动螺旋，倒转望远镜成盘左位置，在尺上读数为 B_2，若 $B_1=B_2$ 即两读数相等，则说明满足条件无需校正，否则需要进行校正。

（2）校正方法

如图 4-12（b）所示，B_1、B_2 两个读数之差所对的角度为 $4c$，所以校正时只要校正一个 c 角，取 B_2B_1 的四分之一，得内分点 B_3，则 OB_3 与横轴垂直。用拨针拨动十字丝左右两个校正螺丝，使十字丝竖丝对准 B_3 点即可，此项检验也需反复进行，直到符合要求为止。

（四）横轴的检验和校正

1. 目的：使横轴垂直于竖轴。

2. 检验方法

（1）如图 4-13 所示，在离墙 10～20m 处安置经纬仪，以盘左瞄准墙面高处的一点 M（其仰角大于 30°），固定照准部，然后放平望远镜（通过度盘读数），在墙面上定出十字丝交点 m_1。

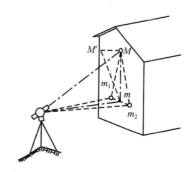

图 4-13 横轴检验

（2）盘右瞄准 M 点，放平望远镜，在墙面上定出十字丝交点 m_2，如果 m_1 点和 m_2 点重合，说明满足条件无须校正，否则需要进行校正。

3. 校正方法

光学经纬仪的横轴大都是密封的，只需对此项条件进行检验，若需要校正须由专门检定机构进行。

（五）竖盘指标差的检验和校正

1. 目的：使竖盘指标处于正确位置。

2. 检验方法

（1）仪器整平后，盘左瞄准 A 目标，读取竖盘读数为 L，计算竖直角 α_L。

（2）盘右瞄准 A 目标，读取竖盘读数为 R，并计算竖直角 α_R。

3. 校正方法

如果 $\alpha_L=\alpha_R$ 不需校正，否则需要进行校正。由于现在的经纬仪都具有自动归零补偿器，此项校正应由仪器检修人员进行。

（六）光学对中器的检验和校正

1. 目的：使光学对中器的视准轴与仪器的竖轴中心线重合。

2. 检验方法

（1）严格整平仪器，在脚架的中央地面上放置一张白纸，在白纸上画 1 个十字形标志 a_1。

（2）移动白纸，使对中器视场中的小圆圈对准标志。

（3）将照准部在水平方向转动 180°。

如果小圆圈中心仍对准标志，说明满足条件，不需校正；如果小圆圈中心偏离标志，而得到另一点 a_2，则说明不满足条件，需要进行校正。

3. 校正方法

定出 a_1、a_2 两点的中点 a，用拨针拨对中器的校正螺丝，使小圆圈中心对准 a 点，这项校正一般由仪器检修人员进行。

必须注意，这 6 项检验与校正的顺序不能颠倒，而且水准管轴应垂直于竖轴是其他几项检验与校正的基础，这一条件若不满足，其他几项的检校就不能进行，竖轴倾斜而引起的测角误差，不能用盘左、盘右观测加以消除，所以这项检验校正必须认真进行。

【实践活动】

以小组为单位完成路线经纬仪检验与校正工作任务。

1. 实训组织：每个小组 3 ~ 4 人，每组选 1 名组长，按观测、记录、计算、立尺、钉桩、校核等工作进行任务分工，并在工作中轮换分工，熟悉各项工作。

2. 实训时间：2 学时。

3. 实训工具

（1）DJ_6 光学经纬仪 1 套、花杆 1 根、水准尺 1 根、校正针、螺丝刀、记录板及记录表

（2）计算器、铅笔

项目 5
地形图识读与应用

【项目概述】

　　人类使用地图已经有了很悠久的历史。但是直到近代，地图才作为文档印刷出来。如图 5-1 所示，地形图能比较精确而详细地表示地面地貌、水文、地形、土壤、植被等自然地理要素，以及居民点、交通线、境界线、工程建筑等社会经济要素。地形图是根据地形测量或航摄资料绘制的，误差和投影变形都极小。

　　地形图是经济建设、国防建设和科学研究中不可缺少的工具，不同比例尺的地形图，其用途也不同。本项目将完成建筑工程中涉及的大比例尺地形图的识读与应用。

图 5-1　中国地形图

通过本项目的学习，你将能够：

（1）准确识读大比例尺地形图；

（2）会测绘大比例尺地形图；

（3）认知 CASS 软件的主要功能及用法；

（4）认知地形图应用的主要内容及用法。

任务 5.1　地形图基本知识认知与地形图识读

【任务描述】

地形图，特别是大比例尺地形图是各种工程建设项目的规划设计用图。因此，对于建筑工程测量工作的第一步就是要准确掌握地形图的基本知识，为进一步识读、测绘并应用地形图打好基础。

一、任务内容

1. 认知地形图基本要素；

2. 熟练应用常见的各类地物符号、地貌符号；

3. 识读大比例尺地形图。

二、相关规范

1.《工程测量规范》GB 50026－2007

2.《国家基本比例尺地图图式 第 1 部分：1：500　1：1000　1：2000 地形图图式》GB/T 20257.1－2007

【任务实施】

1. 描述大比例尺地形图在工程建设中的作用与意义。

2. 识读图 5-2、图 5-3，描述图中采用了哪些地物符号？分别属于什么类型的地物符号？

3. 识读图 5-4，描述图中主要地物、地貌特征，讨论图中的典型地貌。

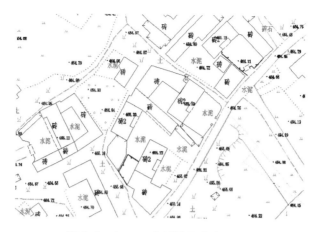

图 5-2　1:500 农村居民地地形图

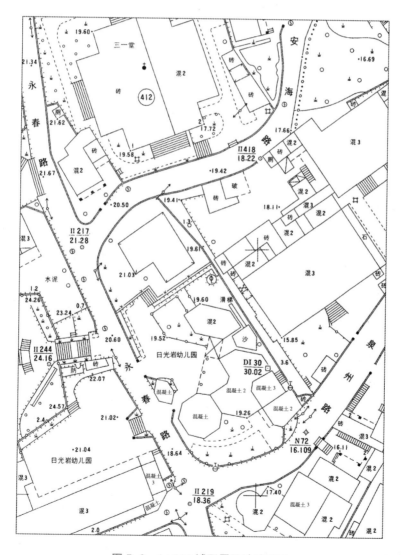

图 5-3　1:500 城区居民地地形图

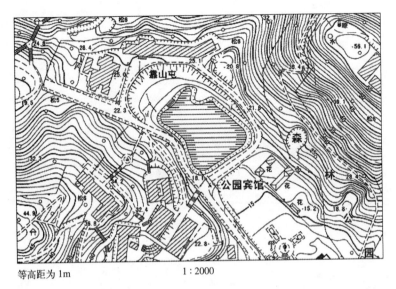

等高距为1m   1：2000

图 5-4 1：2000 丘陵地区地形图

【学习支持】

一、地形图基本要素

1.地形图概述

通过实地测量，将地面上各种地物和地貌的平面位置和高程沿垂直方向投影在水平面上，并按一定的比例尺，用地形图图式统一规定的符号和注记将其缩绘在图纸上形成的图形称为地形图。

地形包括地物和地貌两大类要素。地物：指人工构筑和自然形成的物体，如房屋、道路、沟渠、树木、河流和湖泊等。地貌：指地表面高低起伏的形状和大小，如山地、丘陵、平原、河谷和洼地等。

地形图既能表示点的平面位置又能表示它的高低位置。仅反映地物的平面位置，不反映地貌变化的图，称为平面图。

2.地形图的比例尺

比例尺：地形图上直线长度与地面上相应直线的水平距离之比，称为地形图比例尺。将比例尺用1个分子为1的分数表示，这种比例尺称为数字比例尺，即 $d/D = 1/M$ 或写成 $1:M$，其中 M 称为比例尺分母。地形图的比例尺注记在地形图的正下方，如图 5-5 所示。

为了满足建筑设计和施工的不同需要，地形图采用各种不同的比例尺绘制。如表 5-1 所示，在工程建设中常用的有 1：500、1：1000、1：2000 和 1：5000 等。各种工程建设项目最常用的比例尺为 1：500，因此该比例尺称为基本比例尺。1：5000 以上比例尺就称为大比例尺。

比例尺的大小由分数的分母决定，分母越大，比例尺越小；分母越小，比例尺越大，图上表示的地物、地貌越详细。

通常人眼能分辨的图上最小距离为 0.1mm。因此，地形图上 0.1mm 的长度所代表的实地水平距离，称为比例尺精度，用 ε 表示，即：$\varepsilon=0.1M$（单位：mm）。

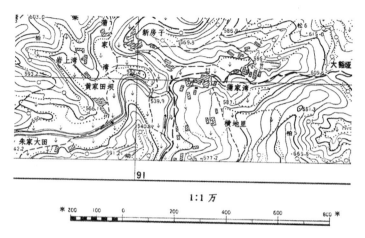

图 5-5　四川广元 1:1 万地形图（局部）

地形图比例尺的选用　　　　　　　　　　　　　　　　表 5-1

比例尺	用途
1：10000 1：5000	城市总体规划、厂址选择、区域布置、方案比较
1：2000	工程详细规划及工程项目初步设计
1：1000 1：500	建筑设计、城市详细规划、工程竣工设计、竣工图

3. 图名、图廓及接图表（图 5-6）

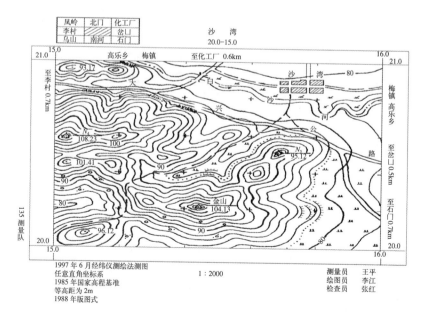

图 5-6　图名、图廓及接图表

图名是以本幅图最著名的地名来命名的，标在图纸正上方。部分城市地形图只以编号来命名，便于管理。

图廓是地形图的边界线，有内外图廓线之分。内图廓线就是坐标格网线，它是图幅的实际边界线，线粗 0.1mm。外图廓线是图幅的最外边界线，实际是图纸的装饰线，线粗 0.5mm。内外图廓线相距 12mm，用于标注直角坐标、经纬度等位置信息；图廓周边主要标注测绘单位，测量人员，时间，采用的坐标、高程系统及附注等信息。

接图表主要用于表示图纸之间上下左右的相对位置关系。接图表一般位于图纸的左上角。

二、地物符号

1.地物符号简介

地形分为地物和地貌。地面上所有固定的物体都称为地物，地物的种类可以说有成千上万，这就需要对所有的地物进行分类，并且规定统一的符号进行表示，这就是地物符号。

ICS 01.080.30
A 79

GB

中华人民共和国国家标准

GB/T 20257.1—2007
代替 GB/T 7929—1995

国家基本比例尺地图图式
第1部分：1:500 1:1 000 1:2 000
地形图图式
Cartographic symbols for national fundamental scale maps
Part 1:Specifications for cartographic symbols
1:500 1:1 000 & 1:2 000 topographic maps

2007-08-30 发布   2007-12-01 实施

中华人民共和国国家质量监督检验检疫总局
中国国家标准化管理委员会   发 布

图 5-7 2007 版基本比例尺地形图图示

为了便于测图和用图，规定在地形图上使用许多不同的符号来表示地物和地貌的形状和大小，这些符号总称为地形图图式。如图 5-7 所示，地形图图式由国家测绘总局统一制定，由国家技术监督局批准颁布发行，从事测绘工作的任何单位和个人都必须遵守执行。

2.地物符号分类

根据地物的大小和描绘方法不同，地物符号可以分成依比例符号、非比例符号、半比例符号和地物注记 4 种类型。

（1）依比例符号

当地物的轮廓尺寸较大时，常按测图的比例尺将其形状大小缩绘到图纸上，绘出的符号称为依比例符号，如一般房屋、简易房屋等符号。

（2）非比例符号

当地物的轮廓尺寸较小，无法将其形状和大小按测图的比例尺缩绘到图纸上，但这些地物又很重要，必须在图上表示出来。则不管地物的实际尺寸大小，均用规定的符号表示在图上，这类符号称为非比例符号。非比例符号中表示地物中心位置的点，叫定位点。

（3）半比例符号

半比例符号是指长度依地形图比例尺表示，而宽度不依比例尺表示的狭长地物符号，如电线、管线、围墙等。半比例符号的中心线即为实际地物的中心线。

（4）地物注记

使用文字、数字或特定的符号对地物加以说明或补充，这种表示方式称为地物注记。其分为文字注记、数字注记和符号注记 3 种类型，如居民地、山脉、河流名称，河流的流速、深度、房屋的层数、控制点高程，植被的种类、水流的方向等。

三、地貌符号

1. 地貌符号简介

地貌是指地球表面高低起伏的自然形态，包括山地、丘陵、平原、洼地等。地形图上表示上述地形特征的符号都称为地貌符号。在地形图上表示地貌的方法很多，而在测量上最常用的是等高线法。用等高线表示地貌不仅能表示出地面的起伏形态，而且能较好地反映地面的坡度和高程，因而得到了广泛应用。

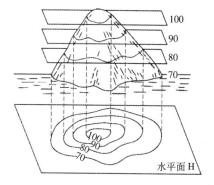

图 5-8　等高线形成原理

2. 等高线

（1）等高线定义

等高线是地面上高程相等的各相邻点所连成的闭合曲线。等高线的形成原理如图 5-8 所示。

如图 5-9 所示，对照不同的地形和与之对应的等高线。

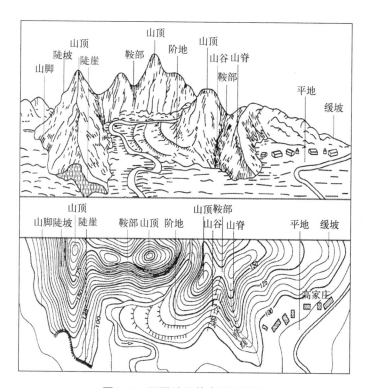

图 5-9　不同地貌等高线示意图

①地形图上相邻等高线之间的高差，称为等高距，用 h 表示。大比例尺地形图的等高距为 0.5、1、2m 等，同一幅图上的等高距是相同的。

②地形图上相邻等高线间的水平距离，称为等高线平距。

③如图 5-10 所示，在同一幅图上，等高线平距越大，地面坡度越小；反之，坡度越大；若地面坡度均匀，则等高线平距相等。即：地面坡度越大等高线越密，地面坡度越平缓等高线越稀疏。

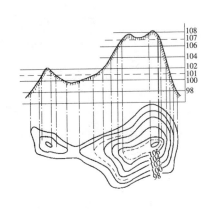 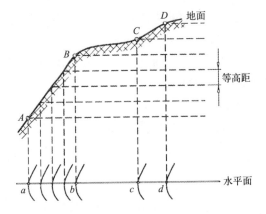

图 5-10 等高线平距与地面坡度的关系

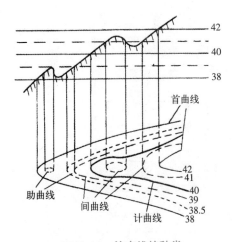

图 5-11 等高线的种类

（2）等高线的种类

等高线分为首曲线、计曲线、间曲线、助曲线 4 种，如图 5-11 所示。

①首曲线

在同一幅地形图上，按基本等高距描绘的等高线，称为首曲线，又称基本等高线。首曲线采用 0.15mm 的细实线绘制。

②计曲线

在地形图上，凡是高程能被 5 倍基本等高距整除的等高线均加粗描绘，这种等高线称为计曲线。计曲线上注记高程，线粗为 0.3mm。

③间曲线

如果采用基本等高线无法表示局部地貌的变化时，可在两基本等高线之间加一条半距等高线，这条半距等高线称为间曲线。间曲线采用 0.15mm 的细长虚线描绘。

④助曲线

为显示局部地貌，按四分之一基本等高距描绘的等高线，称为助曲线。一般用 0.15mm 短虚线表示。

（3）等高线的特性

①等高性：同一条等高线上的各点在地面上的高程都相等。高程相等的各点，不一定在同一条等高线上。

②闭合性：等高线为连续的闭合曲线，它可能在同一幅图内闭合，也可能穿越若干图幅后闭合。凡不在本图幅内闭合的等高线，绘至图廓线，不能在图内中断。

③非交性：因为等高线为一个个水平面与地面相截而成，非特殊地貌，等高线之间不能相交。

④陡密稀缓性：等高线越密的地方，地面坡度越陡；等高线越稀的地方，地面坡度越平缓。

⑤正交性：等高线与山脊线、山谷线正交。由此推断，等高线穿越河流、小溪时，应逐渐折向河流上游，然后正交于河岸线。

3. 典型地貌

如图 5-12 所示，地貌高低起伏的形态是多种多样的，那么我们怎么通过等高线去认识这些地貌，有没有什么规律呢？答案是肯定的，那就是要掌握主要的几种典型地貌的等高线特征，然后再去认识多样的地貌特征，因为所有的自然地貌都可以看成是由各种典型地貌组合而成的。典型的地貌主要有：山头和洼地、山脊和山谷、鞍部、陡崖、悬崖等。

图 5-12　美国著名的科罗拉多大峡谷地区的地貌

（1）山头与洼地

如图 5-13 所示，山头是指中间突起而高程高于四周的高地。高大的山地称为山岭，矮小的称为山丘。山的最高处称为山顶。地表中间部分的高程低于四周的低地，称为洼地，大的洼地叫作盆地。

(a)
(b)

图 5-13　山头与洼地地貌
(a) 山头；（b）洼地

如图 5-14 所示，山头和洼地的等高线特征：

①山头洼地的等高线是闭合曲线；

②山头等高线由外圈→内圈高程逐渐增加；

③洼地等高线由外圈→内圈高程逐渐减小；

④用高程注记区分，或用示坡线指示斜坡向下方向。

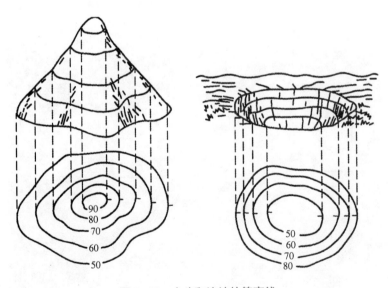

图 5-14　山头和洼地的等高线

（2）山脊与山谷

如图 5-15 所示，朝一个方向延伸的高地，称为山脊，山脊上最高点的连线叫山脊线或分水线。在两个山脊之间，沿着一个方向延伸的洼地称为山谷，山谷中最低点的连线称为山谷线或集水线。山脊线和山谷线合称为地性线。地性线真实地反映了地貌的形态。

山脊和山谷的两侧为山坡，山坡近似为一个倾斜平面，山坡的等高线近似于一组平行线。

(a)   (b)

图 5-15　山脊与山谷地貌

(a) 山脊；(b) 山谷

如图 5-16 所示，山脊和山谷的等高线特征：

①山脊的等高线是一组凸向低处的等高线；

②山谷的等高线是一组凸向高处的等高线；

③山脊线与山谷线与通过该处的等高线正交。

（3）鞍部

如图 5-17 所示，连接两个山头之间的低凹部分，称为鞍部。鞍部是山区道路选线的重要位置，也是两个山脊与两个山谷会合的地方。

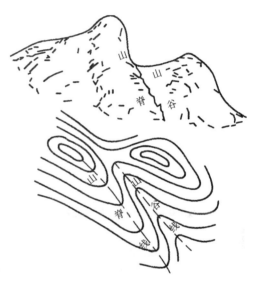

图 5-16　山脊与山谷的等高线

图 5-17　鞍部地貌

如图 5-18 所示，鞍部的等高线特征：

①鞍部的等高线是两组相对的山脊和山谷等高线的组合；

②两组较小的闭合曲线被一组更大的闭合曲线包围。

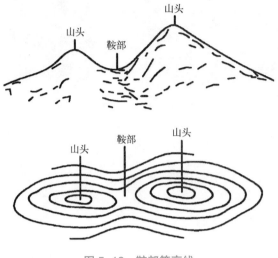

图 5-18　鞍部等高线

（4）悬崖与陡崖

如图 5-19 所示，陡崖是坡度在 70°以上的陡峭崖壁，等高线非常密集，可以画陡崖符号来代替等高线。近乎直立的陡崖，一般用锯齿形的断崖符号表示。悬崖是上部突出，下部凹进的陡崖，这种地貌的等高线出现相交。俯视时隐蔽的等高线用虚线表示。

图 5-19　挪威布道坛岩——垂直落差 604m 的悬崖地貌

如图 5-20 所示，悬崖与陡崖的等高线特征：

①上部等高线投影到水平面，与下部的等高线相交；

② 下部凹进等高线用虚线表示。

图 5-20 的左、中、右分别为峭壁、断崖符号及悬崖的等高线。

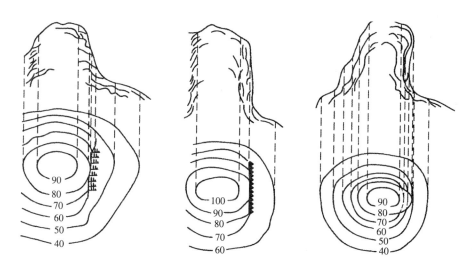

图 5-20　峭壁、断崖符号及悬崖的等高线

【能力测试】

1. 利用网络资源下载并查询 GB/T 20257.1–2007，观测身边的主要地物，完成以下任务：

（1）列举 15 个常见的依比例符号。

（2）列举 15 个常见的非比例符号。

（3）列举 15 个常见的半比例符号。

2. 回答以下问题：

（1）什么是地形图？不同比例尺的地形图在工程建设中有什么作用？

（2）地物符号分为哪几种？分别举例说明？

（3）什么叫等高线？等高距？等高线平距？

（4）等高线分为哪几种？其特征是什么？

（5）典型地貌有哪几种，它们的等高线各有什么特征？

任务 5.2　地形图测绘

【任务描述】

国家基本地形图即国家基本比例尺地形图，简称国家基本图。它是根据国家颁布的统一测量规范、图式和比例尺系列测绘或编绘而成的地形图，是国家经济建设、国防建设和军队作战的基本用图，也是编制其他地图的基础。各国的地形图比例尺系列不尽一致，我国规定 1：500、1：1000、1：2000、1：5000、1：1 万、1：2.5 万、1：5 万、1：10 万、1：25 万、1：50 万、1：100 万等 11 种比例尺地形图为国家基本比例尺地形图。其中，1：500 地形图是工程建设规划设计阶段使用的基本比例尺地形图，本任务主要是使用经纬仪测绘法完成指定范围内的 1：500 地形图测绘，熟知数字化测图的原理和方法。

一、任务内容

根据指导教师提供的测区控制点点位及坐标数据，在指定范围内使用经纬仪测绘法完成指定范围内的 1：500 地形图测绘。

二、相关规范

(1)《工程测量规范》GB 50026–2007

(2)《国家基本比例尺地图图式 第 1 部分：1：500 1：1000 1：2000 地形图图式》GB/T 20257.1–2007

(3)《1：500 1：1000 1：2000 外业数字测图技术规程》GB/T 14912–2005

【任务实施】

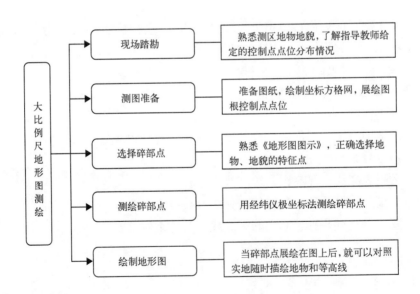

【学习支持】

经纬仪测绘法地形测绘步骤

1. 熟悉测区地物地貌，了解指导教师给定的控制点点位分布情况。

由指导教师在实训现场进行交底，同学应牢记点位情况并做好标记。

2. 测图前的准备

（1）图纸准备

将指定大小的图纸固定在小平板仪上。

（2）绘制坐标方格网

根据测区大小在图纸上绘制 10cm×10cm 的坐标方格网。

（3）展绘控制点点位

按指导教师给定的控制点坐标值展绘控制点点位，如图 5-21 所示。

展点前应根据测区所在图幅的位置，将坐标格网线的坐标值标注在相应格网边线的外侧。展点时，要先根据控制点的坐标，确定所在的方格。

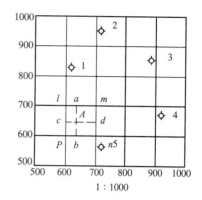

图 5-21　控制点展点示意图

例如：控制点 A 的坐标，$x_A = 647.43\text{m}$，$y_A = 634.52\text{m}$。

根据 A 点的坐标值即可确定其位置在 $plmn$ 方格内；再按 y 坐标值分别从 l、p 点按测图比例尺向右量 34.52m，得 a、b 两点；同法，从 p、n 点向上各量 47.43m，得 c、d 两点；连接 a、b 和 c、d，其交点即为 A 点的位置。同法展出其他各点，并在点的右侧注明点号和高程。

控制点展绘完成后，必须进行检查。方法是量算出自己展绘的控制点间的距离，与控制测量成果表中的相应距离进行比较，其差值不得超过图上的 0.3mm，否则应重新展点。

3. 碎部点选择

碎部点为地物和地貌特征点，即地物和地貌的方向转折点和坡度变化点。

（1）熟悉地形图图式

在测区踏勘的基础上，熟悉测区内地物、地貌的图式符号。

（2）地物特征点的选择

地物特征点一般是选择地物轮廓线上的转折点、交叉点，河流和道路的拐弯点，独立地物的中心点等。

（3）地貌特征点的选择

最能反映地貌特征的是地性线（地貌形态变化的棱线，如山脊线、山谷线、倾斜变换线、方向变换线等）上的最高点、最低点及坡度和方向变化处的点。

4. 用经纬仪极坐标法测绘碎部点

（1）按以下步骤测绘测区内的各碎部点（图 5-22）。

◆　安置仪器并定向

◆　选点立尺

◆　观测

◆　记录与计算

将测得的尺间隔 l、中丝读数 v、竖盘读数 L 及水平角 β 依次填入手簿。根据测得数据，按视距测量计算公式计算水平距离 D 和高程 H：

$$D=Kl\cos^2\alpha$$

$$H=H_A+\frac{1}{2}Kl\sin2\alpha+i-v$$

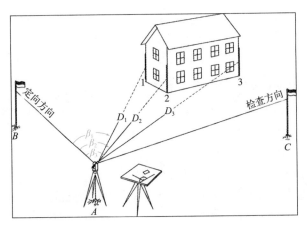

图 5-22　碎部点测绘示意图

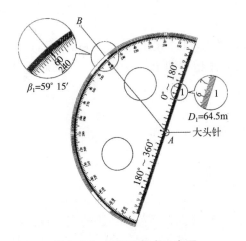

图 5-23　展绘碎部点示意图

展绘碎部点

如图 5-23 所示，展绘碎部点时，用小针将量角器的圆心插在图纸上的测站处，转动量角器，使在量角器上对应所测碎部点 1 的水平角值之分划线对准零方向线 ab，再用量角器直径上的长度刻划或借助比例尺，按测得的水平距离，在图纸上展绘出点 1 的位置，并在点的右侧注明其高程。同法，将其余各碎部点的平面位置及高程展绘于图纸上。

（2）测绘碎部点的注意事项

◆　测图过程中，全组人员要互相配合，协调一致，使工作有条不紊。

◆　观测员读数时，应注意到记录者是否听清楚。竖直角读数至 1′，水平角读数至 5′；每观测 20～30 个碎部点后，应检查起始方向的变化情况，起始方向度盘读数归零差不超过 4′。

◆　立尺员选点要有计划，避免重测和漏测，尽量一点多用，适当注意绘图方便，并协助绘图员检查图上与实地情况是否一致。

◆　记录、计算员一般由两人担任。记录应正确、工整、清楚。碎部点的水平距离和高程均计算到厘米，完成一点的计算后，应及时将数据报告绘图者。

◆　绘图员应依据观测和计算的数据及时展绘碎部点，勾绘地形图，并保持图面整洁，图式符号正确。

5. 绘制地形图

在外业工作中，当碎部点展绘在图上后，就可对照实地随时描绘地物和等高线。

（1）地物描绘

地物要按地形图图式规定的符号表示，房屋轮廓需用直线连接起来，而道路、河流的弯曲部分则是逐点连成光滑的曲线。不能依比例描绘的地物，应按规定的非比例符号表示。符号的方向、大小和间距均应符合图式规定。

（2）等高线勾绘

如图 5-24 所示，先用铅笔轻轻描绘出山脊线、山谷线，再根据碎部点的高程勾绘等高线，然后对照实地情况，先画计曲线，后画首曲线，同时注意等高线通过山脊线、山谷线的走向。

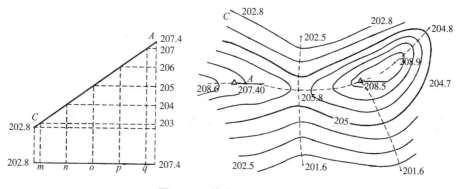

图 5-24　等高线勾绘示意图

（3）全部测绘完成后应按地形图图式要求对图面进行清理和美化。

（4）每个同学描绘一张本小组测绘的地形图（墨线图）。

【知识拓展】

全站仪数字化测图

地形图应用广泛，如国土整治、资源勘测、城乡建设、交通规划、土地利用、环境保护、工程设计、矿藏采掘、河道整理等，可在地形图上获取详细的地面现状信息。在国防和科研方面，更具重要用途。数字化地形图使地形图在管理和使用上体现出图纸地形图所无法比拟的优越性。目前工程测量中最常用的是全站仪数字化测图方式。

数字化测图根据所使用设备的不同，可采用两种方式实现：草图法和电子平板法。

由于笔记本电脑价格较贵，电池连续使用短，数字测图成本高，实际较少采用电子平板法，而多采用草图法。

1. 草图法数字测图的流程：外业使用全站仪测量碎部点三维坐标的同时，领图员绘制碎部点构成的地物形状和类型并记录下碎部点点号（必须与全站仪自动记录的点号一致）。

将全站仪或电子手簿记录的碎部点三维坐标，传输到计算机，转换成坐标格式文件并展点，根据野外绘制的草图（图 5-25），在测图软件中绘制地物。

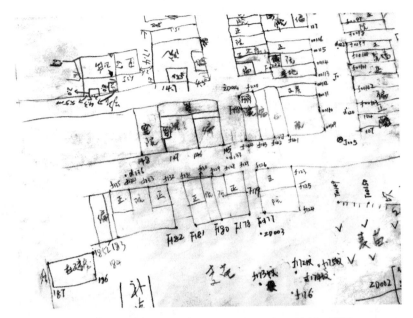

图 5-25　全站仪数字化测图过程中野外绘制的测区草图

2. 全站仪野外数据采集步骤

（1）安置仪器：在控制点上安置全站仪，检查中心连接螺旋是否旋紧，对中、整平，量取仪器高，开机。

（2）创建文件：在全站仪 Menu 中，选择"数据采集"进入"选择一个文件"，输入一个文件名后确定，即完成文件创建工作。此时仪器将自动生成两个同名文件，一个用来保存采集到的测量数据，一个用来保存采集到的坐标数据。

（3）输入测站点：输入一个文件名，回车后即进入数据采集之输入数据窗口，按提示输入测站点点号及标识符、坐标、仪高，后视点点号及标识符、坐标、镜高，仪器瞄准后视点，进行定向。

（4）测量碎部点坐标：仪器定向后，即可进入"测量"状态，输入所测碎部点点号、编码、镜高后，精确瞄准竖立在碎部点上的反光镜，按"坐标"键，仪器即测量出棱镜点的坐标，并将测量结果保存到前面输入的坐标文件中，同时将碎部点点号自动加1返回测量状态。再输入编码、镜高，瞄准第 2 个碎部点上的反光镜，按"坐标"键，仪器又测量出第 2 个棱镜点的坐标，并将测量结果保存到前面的坐标文件中。按此方法，可以测量并保存其后所测碎部点的三维坐标。

3. 下传碎部点坐标：完成外业数据采集后，使用通信电缆将全站仪与计算机的 COM 口连接好，启动通信软件，设置好与全站仪一致的通信参数后，执行下拉菜单"通信 / 下传数据"命令；在全站仪上的内存管理菜单中，选择"数据传输"选项，并根据提示顺序选择"发送数据"、"坐标数据"和"选择文件",然后在全站仪上选择确认发送,再在通信软件上的提示对话框上单击"确定",即可将采集到的碎部点坐标数据发送到通信软件的文本区。

4. 格式转换:将保存的数据文件转换为成图软件(如 CASS)格式的坐标文件格式。执行下拉菜单"数据 / 读全站仪数据"命令,在"全站仪内存数据转换"对话框中的"全站仪内存文件"文本框中,输入需要转换的数据文件名和路径,在"CASS 坐标文件"文本框中输入转换后保存的数据文件名和路径。这两个数据文件名和路径均可以单击"选择文件",在弹出的标准文件对话框中输入。单击"转换",即完成数据文件格式转换。

5. 展绘碎部点、成图:执行下拉菜单"绘图处理 / 定显示区"确定绘图区域;执行下拉菜单"绘图处理 / 展野外测点点位",即在绘图区得到展绘好的碎部点点位,结合野外绘制的草图绘制地物;再执行下拉菜单"绘图处理 / 展高程点"。经过对所测地形图进行屏幕显示,在人机交互方式下进行绘图处理、图形编辑、修改、整饰,最后形成数字地图的图形文件。通过自动绘图仪绘制地形图。

【能力拓展】

根据指导教师提供的测区控制点点位及坐标数据,在指定范围内使用全站仪数字化测图法完成指定范围内的 1:500 地形图测绘,并绘制测区草图。

【能力测试】

1. 什么是基本比例尺地形图? 1:500 地形图在工程建设中有什么作用?
2. 经纬仪测绘法的基本原理是什么?
3. 数字化地形图的主要特点是什么?全站仪数字化测图主要使用了全站仪的什么功能?
4. 经纬仪测绘法与全站仪数字化测图法各自的优缺点是什么?

【实践活动】

以小组为单位完成 1:500 地形图测绘工作任务。

1. 实训组织:每个小组 4 ~ 6 人,每组选 1 名组长,按观测、记录、计算、立尺、绘图、校核等工作进行任务分工,并在工作中轮换分工,熟悉各项工作。
2. 实训时间:2 学时。
3. 实训工具

(1) 各小组领取 DJ_6 经纬仪 1 套、DS_3 水准仪 1 套、塔尺 1 把、钢尺 1 把、小平板仪 1 套、地形图图式 1 本、半圆仪 1 个、绘图图纸 1 张、记录板 1 个。

(2) 每位同学自备描图纸 1 张、2H 铅笔、粉笔、计算器等。

4. 完成实训总结报告,整理并提交实训成果。

(1) 实训总结报告应包括以下内容:实训目的及要求、测区概况、实训的主要内容及过程、本人在实训中主要完成的工作、任务评价、收获及体会等。

（2）提交成果：地形图草图及描图成果。

（3）所有测量成果应装订成册并制作封面，封面应注明实训项目名称、班级、姓名、学号等内容。

任务 5.3 　地形图应用

【任务描述】

地形图是各行各业所使用的地图的基础，几乎所有的工程建设项目都是在各种比例尺地形图基础上做规划设计。对于建设工程而言对地形图的使用尤为广泛。

本任务将利用传统解析法原理应用地形图得到测量工作的必要数据。

一、任务内容

地形图应用的主要内容是在地形图上得到测量工作的必要数据，如确定点的位置坐标、两点间距离与方位，确定点的高程和两点间高差，计算指定范围的面积和体积、截取断面，绘制断面图和计算土方量等。

二、相关规范

（1）《工程测量规范》GB 50026－2007

（2）《国家基本比例尺地图图式　第 1 部分：1∶500　1∶1000　1∶2000 地形图图式》GB/T 20257.1－2007

【任务实施】

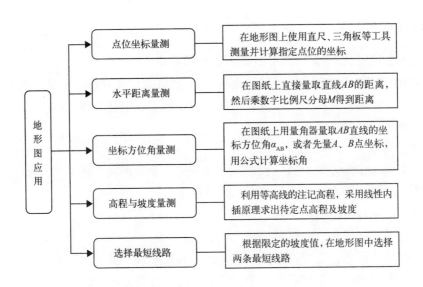

【学习支持】

一、地面点坐标确定

如图 5-26 所示，根据纵、横坐标方格网计算 A 点的坐标。

1. 求 A 点坐标，图上量 mA、pA 的长度；

2. 乘以数字比例尺分母 M，可得实地水平距离；

3. 计算 A 点坐标。

$$\left. \begin{aligned} x_A = x_0 + \overline{mA} \times M \\ y_A = y_0 + \overline{pA} \times M \end{aligned} \right\}$$

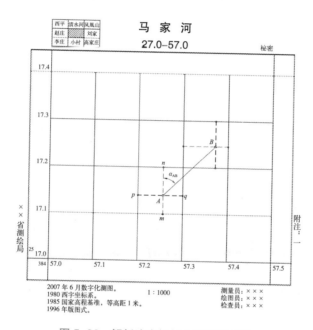

图 5-26　解析法坐标与水平距离量测

二、水平距离确定

在实际施工测量工作中，图纸上建筑物的主要轴线交点间的水平距离通常是不全的。这就需要我们通过图形分析计算，解算或者量算出两点间的水平距离，如图 5-26 所示。

1. 水平距离量测的方法一

在图纸上直接量取直线 AB 的距离，然后乘数字比例尺分母 M 得到距离。

在图上直接量取直线 AB 的距离为 138mm，则 AB 的实地水平距离为：$138 \times 1000 = 138$m。

2. 水平距离量测的方法二

先量 A、B 点坐标，用公式计算平距。

$$D_{AB} = \sqrt{(x_B - x_A)^2 + (y_B - y_A)^2}$$

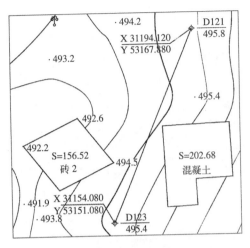

图 5-27　解析法坐标方位角量测

三、直线方向的确定

在实际施工测量定位放线工作中，测量人员得到的图纸上道路、管线、建筑物等设计轴线的方向信息通常是不完整的。这就需要我们通过图形分析，解算或者量测出直线的坐标方位角，获得直线的方向，才能进行施工放线等相关测量工作。

解析法坐标方位角量测原理如图 5-27 所示。

1. 直线坐标方位角量测的方法一

在图纸上用量角器量取 AB 直线的坐标方位角 α_{AB}。

2. 直线坐标方位角量测的方法二

先量 A、B 点坐标，用公式计算象限角。

$$R_{AB}=\text{arc tan}\left|\frac{y_B-y_A}{x_B-x_A}\right|$$

然后按表 5-2 将象限角转换成坐标方位角。

象限角与坐标方位角转换表

表 5-2

象限角R_{AB}与坐标方位角α_{AB}的关系					
象限	坐标增量	关系	象限	坐标增量	关系
I	$\Delta x_{AB}>0$，$\Delta y_{AB}>0$	$\alpha_{AB}=R_{AB}$	III	$\Delta x_{AB}<0$，$\Delta y_{AB}<0$	$\alpha_{AB}=R_{AB}+180°$
II	$\Delta x_{AB}<0$，$\Delta y_{AB}>0$	$\alpha_{AB}=R_{AB}+180°$	IV	$\Delta x_{AB}>0$，$\Delta y_{AB}<0$	$\alpha_{AB}=R_{AB}+360°$

四、确定点的高程

在实际工程测量工作中，特别是丘陵或山地的地形图，由于地势起伏较大，图上主要是用等高线来表示地貌的高低位置信息。图纸上点的高程的密度通常不能完全保证工程建设的需要。这就需要通过图形分析计算，解算或者量测出点的高程，才能进行工程建设。

解析法点位高程量测原理如图 5-28 所示，点在等高线上：点高程＝等高线高程，否则比例内插确定。如图 5-28 所示：F 点位于 53 ~ 54m 等高线间，过 F 点作与两等高线垂直的直线，交两根等高线于 m、n 点，图上量距 $mn=d$，$mF=d_1$，等高距 h、F 点高程 $H_F=H_m+h\dfrac{d_1}{d}$。

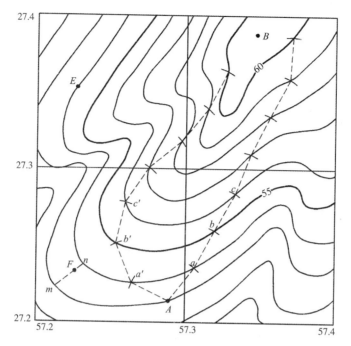

图 5-28　地面点位高程量测及最短线路选择原理

【知识拓展】

按限制坡度选定最短线路

在工程建设的规划设计、施工测量工作中，经常需要了解地面两点之间的坡度以满足道路设计、排水等具体要求。这就需要通过图形分析，解算或者量测出两点间的坡度，才能进行相应的设计和施工工作。

在地形图上按规定坡度设计最短线路原理如图 5-28 所示。

在山地或丘陵地区设计道路、管线时，其坡度不超过规定的坡度，在地形图上选择最短路线。例如：从低地 $A \rightarrow$ 高地 B，选定限制坡度为 i 路线：

由坡度定义 $i = \dfrac{h}{dM}$，将 $h=1\text{m}$，$M=1000$，$i=3.3\%$，代入 $d=0.03\text{m}$，就可以在地形图上选择出两条从 A 点到 B 点的最短路线（图中的虚线线路）。

【能力测试】

1. 地形图的应用主要包括哪些方面？
2. 绘制图 5-28 中 E、B 两点间的纵断面图。

【实践活动】

以小组为单位在 $1:500$ 地形图上完成点的位置坐标、两点间距离与方位、确定点的高程和两点间高差、绘制断面图等任务。

1. 实训组织：每个小组 4 ~ 6 人，分工合作完成各项工作任务。
2. 实训时间：2 学时。
3. 实训工具：1 : 500 地形图。

任务 5.4　数字地形图应用

【任务描述】

　　数字化测绘的核心是计算机测图软件，目前市场上较为成熟的数字测图软件有广州南方测绘公司的 CASS、北京威远图公司的 SV300，以及图形处理软件 CITO-MAP、北京清华三维公司的 SCS GIS2004 等。这些软件基本是在 CAD 平台上开发的，因此在图形编辑过程中可以充分利用 CAD 强大的图形编辑功能。

　　本任务将认知在工程测量领域应用最为广泛的南方 CASS 测图软件。

一、任务内容

1. 使用 CASS 软件绘制平坦地区小范围 1 : 500 地形图；
2. 熟悉 CASS 软件工程应用的主要内容。

二、相关规范

1.《工程测量规范》GB 50026 – 2007
2.《国家基本比例尺地图图式　第 1 部分：1 : 500 1 : 1000 1 : 2000 地形图图式》GB/T 20257.1 – 2007
3.《1 : 500 1 : 1000 1 : 2000 外业数字测图技术规程》GB/T 14912 – 2005

【任务实施】

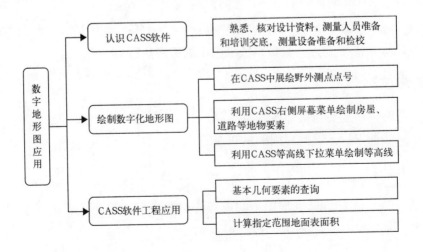

【学习支持】

一、CASS 简介

CASS 地形地籍成图软件是基于 AutoCAD 平台技术的 GIS 前端数据处理系统。其广泛应用于地形成图、地籍成图、工程测量应用、空间数据建库等领域，全面面向 GIS，彻底打通数字化成图系统与 GIS 接口，使用骨架线实时编辑、简码用户化、GIS 无缝接口等先进技术。

在个人计算机安装好 CASS 软件后，双击 CASS 桌面图标启动 CASS，进入 CASS 主界面。

双击图标进入主界面，如图 5-29 所示。CASS 的操作界面主要分为 3 部分——顶部下拉菜单、右侧屏幕菜单和工具条。每个菜单项均以对话框或命令行提示的方式与用户交互应答，操作灵活方便。

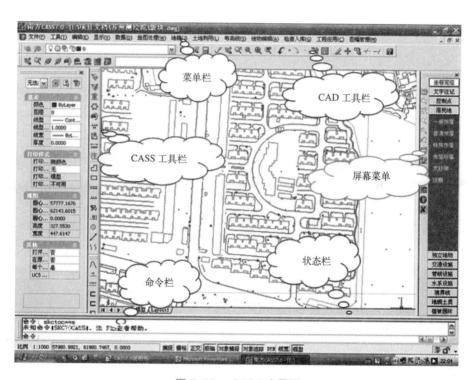

图 5-29　CASS 主界面

二、CASS 地形图绘制的基本流程

下面以某大比例尺地形图测绘工程项目为例介绍地形图的一般绘制流程。

1. 将外业采集的数据文件从全站仪传输到计算机形成 DAT 格式数据文件，如图 5-30 所示。

图 5-30　CASS 绘图的数据格式

2. 如图 5-31 所示，通过"绘图处理"下拉菜单的"展野外测点点号"菜单将上述文件展点到 CASS 绘图界面，测图比例尺在命令栏选择 1 : 500。

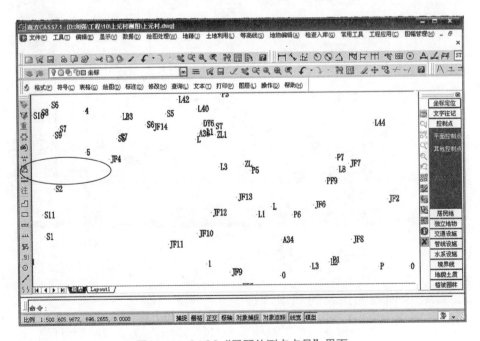

图 5-31　CASS "展野外测点点号"界面

3. 如图 5-32、图 5-33 所示，根据外业草图采用人机交互的方法进行地物绘图，如绘制建设中的房屋。

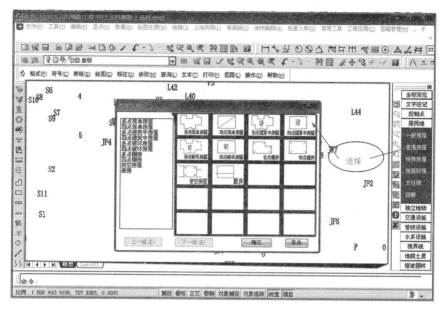

图 5-32　CASS 绘制房屋菜单

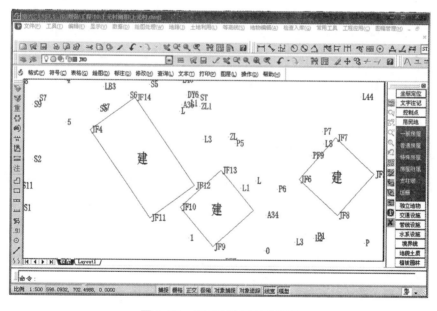

图 5-33　CASS 绘制房屋界面

4. 如绘制道路则选择右侧菜单栏的交通设施，再根据实际情况继续选择子菜单对应的道路形式，最后将路边的点连接，形成道路，如图 5-34、图 5-35 所示。

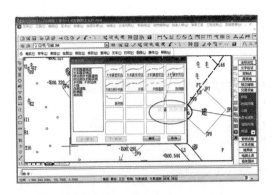

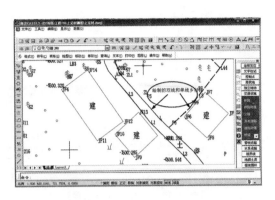

图 5-34　CASS 绘制道路菜单　　　　图 5-35　CASS 绘制道路界面

5. 如图 5-36 所示，其他地物的绘制均在右侧菜单栏选择，最后完成整个地形图绘制。

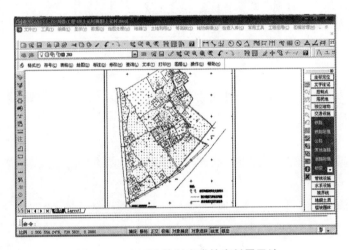

图 5-36　CASS 绘制完成的农村居民地

三、CASS 软件的工程应用

CASS 在工程中的应用主要包括：基本几何要素的查询；DTM 法土方计算；断面法道路设计及土方计算；方格网法土方计算；断面图的绘制；公路曲线设计；面积应用；图数转换等内容。现举例介绍如下：

（一）基本几何要素的查询

1. 坐标量测量测，如图 5-37 所示。

执行"工程应用\查询指定点坐标"命令：

第一点：圆心捕捉图中的 D121 点，显示坐标；

第二点：圆心捕捉图中的 D123 点，显示坐标。

2. 水平距离及方位角量测的方法一

执行"工程应用\查询两点距离及方位"命令：

第一点：圆心捕捉图中的 D121 点；

第二点：圆心捕捉图中的 D123 点；

两点间距离 =45.273m，方位角 =201°46′57.39″。

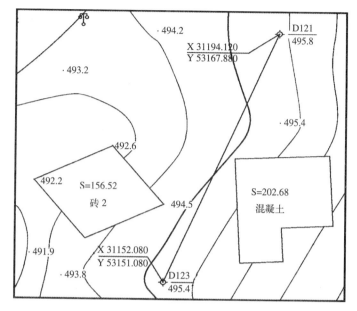

图 5-37　用 CASS 软件进行坐标及两点间水平距离量测

3. 水平距离量测的方法二

执行"工程应用\查询线长"命令：

选择精度：0.01 米；

选择曲线：点取图中 D121 点至 D123 的直线；

CASS 弹出提示框给出查询的线长值，如图 5-38 所示。

图 5-38　CASS 两点间水平距离量测结果对话框

（二）计算表面积

对于不规则地貌，其表面积很难通过常规的方法来计算，在这里可以通过建模的方法来计算。系统通过 DTM 建模，在三维空间内将高程点连接为带坡度的三角形，再通过每个三角形面积累加得到整个范围内不规则地貌的面积。如图 5-39 所示，计算矩形范围内地貌的表面积。

1. 点击"工程应用\计算表面积\根据坐标文件"命令：

请选择：（1）根据坐标数据文件；（2）根据图上高程点；回车选 1。

2. 选择土方边界线，用拾取框选择图上的复合线边界；

3. 请输入边界插值间隔，输入在边界上插点的密度；

4. 结果显示：表面积 = 15863.516 平方米。

如图 5-40 所示为建模计算表面积的结果。

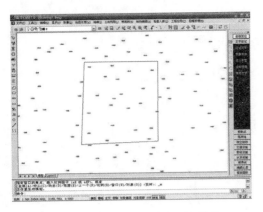
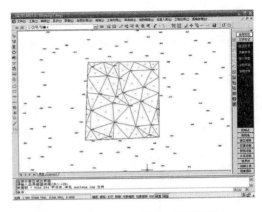

图 5-39　CASS 计算表面积界面　　　　图 5-40　CASS 计算表面积界面

另外表面积还可根据图上高程点来计算，操作的步骤相同，但计算的结果会有差异。因为用坐标文件计算时，边界上内插点的高程由全部的高程点参与计算得到，而用图上高程点来计算时，边界上内插点只与被选中的点有关，故边界上点的高程会影响到表面积的结果。选择哪种方法计算合理与边界线周边的地形变化有关，变化越大，越趋向于根据图面确定计算方法。

【能力拓展】

根据指导教师提供的测区控制点点位及坐标数据，在指定范围内使用 CASS 完成丘陵地区 1∶500 等高线绘制。

使用 CASS 软件完成任务 5.3 中的几何元素测量任务。

【能力测试】

1. CASS 绘制地形图的主要步骤有哪些？
2. CASS 工程应用的主要内容有哪些？

【实践活动】

以小组为单位使用 CASS 完成 1∶500 地形图图绘制工作任务。

1. 实训组织：由指导教师提供数字测图的原始数据及测区草图，每位同学在计算机上完成平原地区 1∶500 居民地地图绘制，并提交成果。

2. 实训时间：2 学时。

3. 实训工具：安装网络版 CASS 软件的计算机。

项目 6
建筑施工测量

【项目概述】

　　建筑施工测量的目的是在工程建设施工阶段将图纸上设计的建筑物的平面位置、形状和高程标定在施工现场的地面上，并指导施工，使工程严格按照设计要求进行建设。

　　建筑施工测量包括测量准备工作，施工控制测量，建筑物定位放线，轴线投测和标高传递，建筑物变形观测等。

　　建筑工程施工测量不仅是工程建设的基础，而且是保证工程质量的关键因素。近几年许多外观造型复杂的超大超高规模的建筑物应运而生，在这些建筑工程施工过程中，测量工作尤为显得重要。对测量工程师来说，除需拥有丰富的测量知识和技术，更重要的是拥有细致、耐心的工作态度。

【学习目标】

　　通过本项目的学习，你将能够：

　　（1）认知建筑施工测量的主要内容和方法；

　　（2）会识读施工测量相关图纸，获取测量所需数据；

　　（3）会建立施工现场平面和高程控制；

　　（4）会进行建筑物的定位和放线；

　　（5）会进行建筑物轴线投测和标高传递。

任务 6.1　建筑施工测量准备工作

【任务描述】

建筑施工测量准备工作包括熟悉图纸，踏勘现场，基准点移交，测量方案编制，测量仪器工具检校等。其中熟悉图纸工作量大，对测量方案的制定起关键性作用，识读施工图是施工测量人员的基本技能之一。

建筑施工图包括有：建筑总平面图、建筑平面图、立面图、剖面图及建筑施工详图等图纸。它们是施工的依据，也是施工放线的依据。在施工测量放线前必须学会读图，了解建筑物的位置和轴线之间的关系，计算所需的测量数据。

一、任务内容

识读建筑施工图纸，计算施工测量所需的数据。

二、相关规范

(1)《工程测量规范》GB 50026－2007

(2)《城市测量规范》CJJ/T 8－2011

(3)《建筑施工测量技术规程》J 10972－2007

(4)《建筑工程测量规程》DBJ 01－21－95

(5)《建筑工程施工质量验收统一标准》GB 50300－2013

【任务实施】

对相关建筑施工图纸进行识读，获取相关信息并计算施工测量所需要的数据。

【学习支持】

一、总平面图的基本内容和读图要点

表明建筑物的总体布置，所在的地理位置和周围原地形环境的平面图称为总平面图，如图 6-1 所示。

（一）总平面图是在用细线条绘制的原实测地形图底图上，用粗线条绘制新建建筑物的总体布置图。因之，平面图上一般包括场地原地形情况、新建建筑物和建筑红线（或其他定位依据）等三部分。

1. 建筑物的平面形状、四廓、首层室内地面设计高程、层数、建筑面积、主要出入口、建筑红线（或其他定位依据）与新建建筑物的定位关系等。

2. 用地范围、道路、地下管网、庭院、绿化等的布置，新建建筑物与原有建（构）筑物、拆除建（构）筑物或道路、围墙等的关系。

3. 计算场地地面高程、坡度，道路的绝对高程，表明土方填挖与地面坡度、雨水排除的方向等。

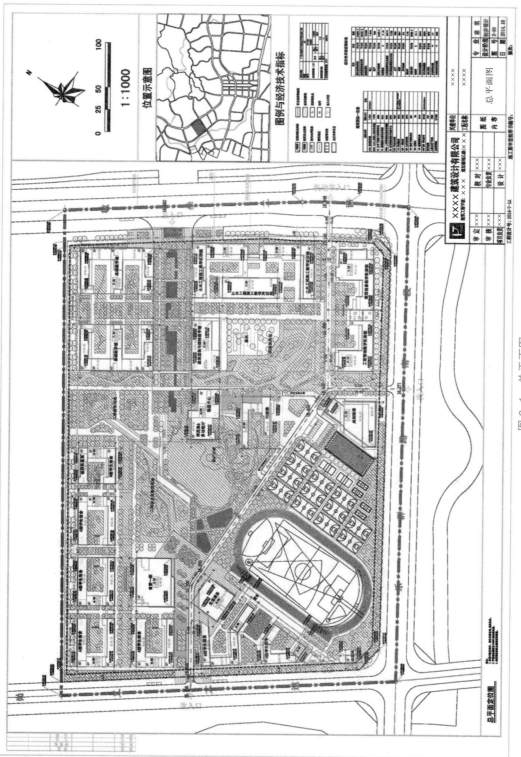

图 6-1 总平面图

4. 采用指北针来表示建筑物的朝向，有时也用风玫瑰图表示常年风向频率和风速。

5. 由于工程的不同，总平面图有时还包括水、暖、电、燃气等管线总平面图或管道综合布置图，以及场地竖向设计图、人防通道图、道路布置图、庭院绿化布置图等。

（二）总平面图读图要点

1. 阅读文字说明，熟悉总平面图图例，了解图的比例尺、方位与朝向的关系。

2. 了解总体布置、地物、地貌、道路、地上构筑物、地下各种管网布置走向，以及水、暖、煤气、电力、电信等管线在新建建筑物中的引入方向。

3. 对于测量人员要特别注意查清新建建筑物位置和高程的定位依据及定位条件。

二、建筑平面图、立面图、剖面图的读图及施工放线相关数据计算

（一）建筑平面图

建筑平面图是假想用一略高于窗台的水平面，将建筑物剖切，移去上半部分，对下半部分作水平投影图，即为建筑平面图，简称为平面图，如图 6-2 所示。

1. 平面图是表示一个工程平面布置和尺寸规格的图纸，包括由轴线确定的各部位的长宽尺寸，建筑物的总尺寸，门窗洞口的定位尺寸，墙的厚度及墙垛等细部尺寸；另外还需注明各楼层的标高。在首层平面还画有出入口的台阶、落水管的位置、散水的尺寸及花池的位置尺寸、室内地坪标高以及剖面图位置符号等内容。平面图是进行施工放线、安装门窗、预留孔洞和预埋件的重要依据。

2. 阅读要点：先查看图标、图名、比例及文字说明等内容。

查看底层平面图上的指北针，了解房屋的朝向。

查看房屋的平面形状和内隔墙的分布情况，了解房屋平面形状和分布、用途，房间数量及相互关系，如入口、走廊、楼梯和房间的位置。

查看图中定位轴线的编号及间距尺寸。了解各墙、柱的位置及开间、进深尺寸，以便正确的施工放线。查看平面图各部位尺寸关系。

外部尺寸：一般在图形的左侧和下方注写 3 道尺寸线，不对称图形在四周标写。查看外围门窗的宽度、各轴之间的距离、房屋的总尺寸以及台阶、花池、散水（或明沟）等细部尺寸。了解它们之间的相互关系以便拟定可行的施工放线方案。

内部尺寸：查清各墙的厚度，门窗洞、孔洞和固定设备（如厕所、冲凉房、工作台等）的大小和位置。

查看楼地面标高，了解室内地面标高、室外地面标高、室外台阶标高、卫生间标高、楼梯平台标高等。

查看门窗的分布及编号，了解门窗的尺寸、类型及数量和开启方向，了解门窗的材料组成。

查看平面图中的索引符号，以便查阅有关详图。

（二）建筑立面图（图 6-3）

1. 建筑立面图的主要内容：建筑物的室外地坪面、窗台、檐口、楼层、屋面等处的标高及总高度；门窗的形状、位置；外墙面的全部做法，如散水台阶、落水管、花台、雨篷、窗台、阳台、勒脚及屋顶的烟囱、水箱、外楼梯等。

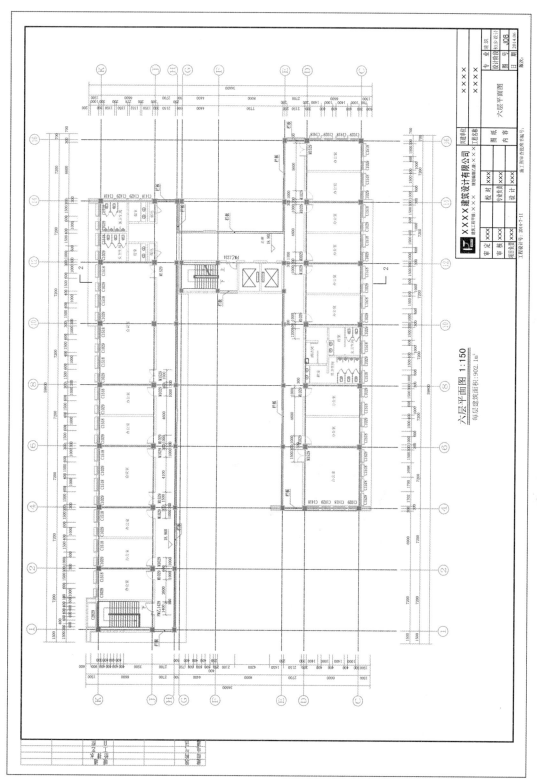

六层平面图 1:150
每层建筑面积:902.1m²

图 6-2 平面图

建筑工程测量

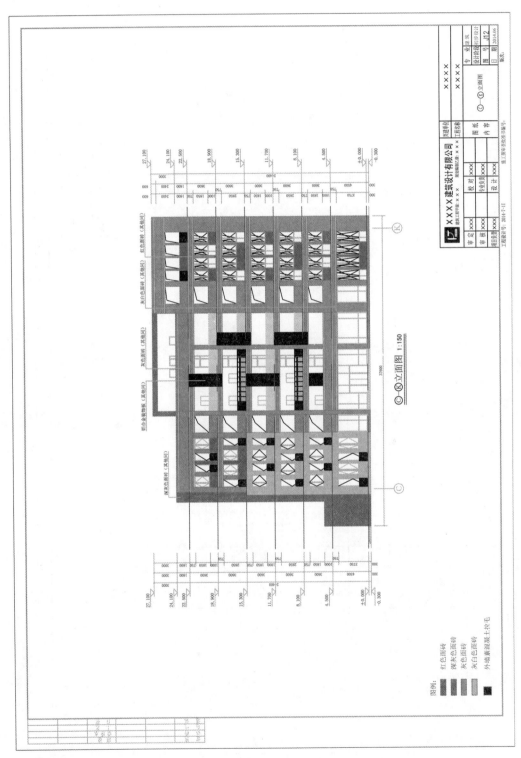

图6-3 立面图

168

2. 阅读要点：查看图标和比例，了解房屋各立面的情况，包括外形、门窗、屋檐、台阶、阳台、烟囱等的形状及位置。

查看立面图中的标高尺寸，包括室内外地坪、出入口地面、勒脚、窗口、大门及檐口等处的位置标高。

查看房屋外墙面装修做法和分格线形式，了解材料类型、配合比和颜色。查明图上的索引和详图图纸。

三、基础平面图的读图及施工放线相关数据计算

（一）基础平面图

1. 基础平面图是假想用一水平面，在地面与基础之间剖切，移去上部后，在水平面上所绘制的水平投影，如图 6-4 所示。基础是建筑物埋入地面以下的承重构件。基础的形式很多，一般取决于上部结构的承重形式和地基条件而确定。常用的基础形式有条形基础、独立基础、筏板基础等类型。现以条形基础为例介绍与基础施工图有关的一些概念。

基础平面图只表示基础墙、柱、基础底面积的轮廓线。

2. 基础平面图的内容和阅读要点：查看图名、比例，了解是哪个工程的基础？图样的比例是多大？是否与建筑平面图一致？查看纵横定位轴线编号及尺寸，查明有多少道基础？各基础轴线间的尺寸是多少？是否与建筑平面尺寸相符？

查看基础平面的布置，基础墙、柱及基础底面积的形状、大小及与轴线的相互尺寸关系。从而了解基础墙厚、柱子断面的大小、基础底面宽度尺寸。

查看基础梁的位置和代号，了解基础哪些部位有梁？根据代号统计梁的种类数量，查找梁的详图。

（二）基础详图

基础平面图只表明基础的平面布置，无法表达基础各部分的形状、大小、材料、构造基础的埋深等内容，这些内容需由基础详图表示，如图 6-5 所示。基础详图的内容和阅读要点如下：

1. 查看图名、比例。详图名常用断面符号表示为 1-1、2-2……。详图常用比例为 1：20，1：40。阅读时注意基础详图与平面图的位置、尺寸是否一致。

2. 查看室内外地面、基础底面的标高。如基础墙厚、基础底面宽度、与轴线的相对位置关系。基础底面的标高与外地面和内地面的高差关系。

【知识拓展】

仔细识读上述建筑施工相关图纸，将测量所需相关数据列表，作为编写测量方案的依据。

【能力拓展】

根据图 6-1，用文字描述建筑场地总体情况。

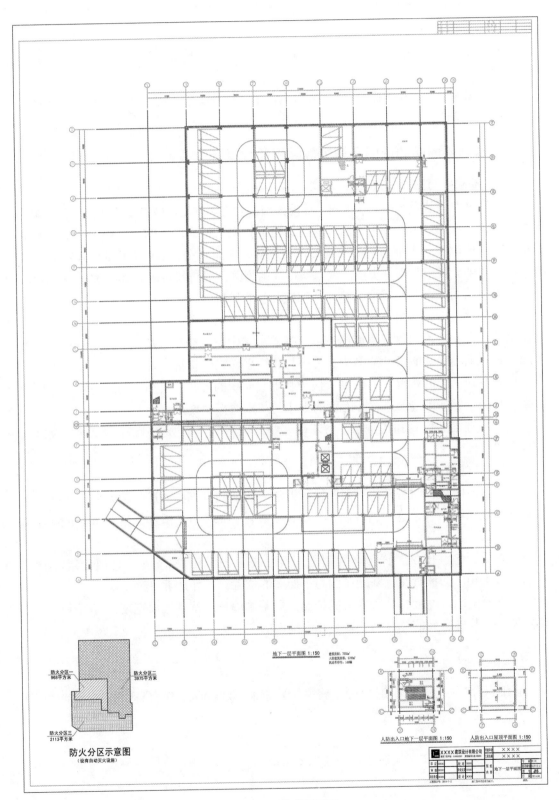

防火分区示意图
（设有自动灭火设施）

地下一层平面图 1:150

人防出入口地下一层平面图 1:150   人防出入口屋顶平面图 1:150

图 6-4　基础平面图

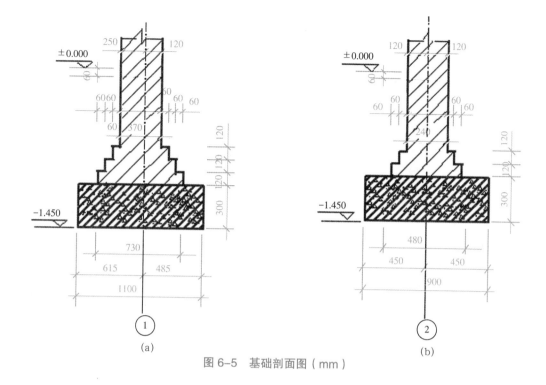

图 6-5　基础剖面图（mm）

【能力测试】

总平面图的形式很多，在规划总平面图中一般会给出基准点的信息，基准点是规划部门给定的点，可以是场地边界点或内部点。

1. 图中有哪些基准点？（请按顺序编号并列表表示）

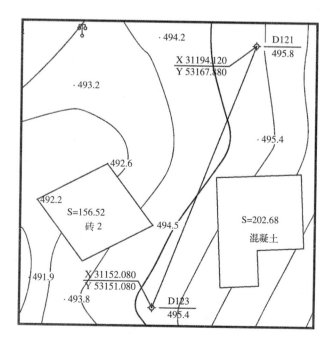

2. 描述基准点在现场的位置。

3. 由坐标计算距离和方向（选定 2 ~ 3 个点）。

4. 图纸与实地有哪些不同？

【实践活动】

以小组为单位进行施工图识读和施工测量元素计算。

1. 实训组织：每个小组 4 ~ 6 人，每组选 1 名组长，按教师布置的任务和相关要求开展读图练习。

2. 实训时间：2 学时。

3. 实训工具

（1）建筑施工图、比例尺、计算表格

（2）电脑（装有 CAD 软件）

（3）计算器、铅笔

任务 6.2 场地平整及土方量估算

【任务描述】

场地平整就是将天然地面改造成工程上所要求的设计平面，由于场地平整时全场地兼有挖和填，而挖和填的体形常常不规则，所以一般采用方格网方法分块计算。平整场地前应先做好各项准备工作，如清除场地内所有地上、地下障碍物；排除地面积水；铺筑临时道路等。在满足总平面设计的要求，并与场外工程设施的标高相协调的前提下，考虑挖填平衡，以挖作填；如挖方少于填方，则要考虑土方的来源，如挖方多于填方，则要考虑弃土堆场；根据施工区域的测量控制点和自然地形，将场地划分为轴线正交的若干地块。选用间隔为 20 ~ 50m 的方格网，并以方格网各交叉点的地面高程，作为计算工程量和组织施工的依据。在填挖过程中和工程竣工时，都要进行测量，做好记录，以保证最后形成的场地符合设计规定的平面和高程。

一、任务内容

根据所给定的待整平场地的地形图（图 6-6），将指定拟建场地平整为一个合理的平面，或根据现场（图 6-7）附近的已知点高程将指定现场平整为一个合理的平面。

二、相关规范

（1）《工程测量规范》GB 50026-2007

（2）《建筑基坑工程监测技术规程》GB 50497-2009

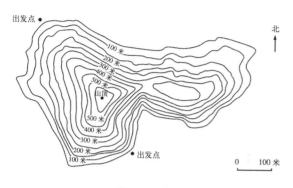

图 6-6　地形图

图 6-7　现场图

【任务实施】

方格网法计算土方量

1. 绘制方格网；
2. 计算设计高程和各方格顶点的填、挖高程；
3. 绘出填、挖边界线；
4. 计算填、挖边界线；
5. 计算土方量。

【学习支持】

一、方格网法

　　场地平整是将现场平整为设计所需要的地面，它一般是根据填挖平衡的原理来进行平整的，即将现场高的地方挖一些土填到低的地方，使填方和挖方基本平衡，避免二次运输，节省造价。土方量的计算是将填挖的土方量计算出来，所以场地平整应是首先在现场打方格网（20m×20m 或 50m×50m 的方格），然后将各方格网交点的高程测出，绘制简图，用加权平均的方法计算设计标高、填挖量和填挖边界线，这是一项综合的测量任务。如果建筑场地有大比例尺地形图，为了平整场地，可依据地形图上的等高线确定场地平整后的高程（即设计高程），并计算场地范围内的挖、填土方量。

　　将如图 6-8 所示的地形图上某范围平整为一水平场地，并要求填、挖土石方量基本平衡，其计算步骤如下：

1. 绘制方格网
2. 计算设计高程
3. 计算各方格顶点的填、挖高度

$$填、挖高度 = 地面高程 - 设计高程$$

4. 绘出填、挖边界线
5. 计算填、挖方量

角点：挖填方高度 ×1/4 方格面积
边点：挖填方高度 ×2/4 方格面积
拐点：挖填方高度 ×3/4 方格面积
中点：挖填方高度 ×1 方格面积

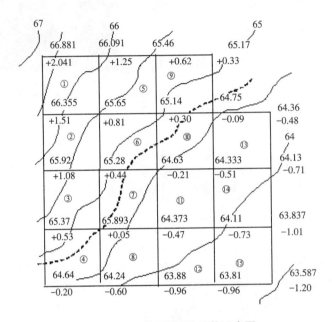

图 6-8　地形图场地平整示意图

6. 按填、挖方量分别求和，即为总的填、挖土石方量

总挖填方量 = [（角点挖填高度总和 + 边点挖填高度总和 ×2+ 拐点挖填高度总和 ×3+ 中点挖填高度总和 ×4）× 方格面积]/4

也可按方格线依次计算填挖方量，再计算总填挖方量。

二、断面法

先绘制间隔一定距离的断面图（图 6-9），在断面图上绘出设计高程，计算其与断面图所包围的填方（A_{Ti}）、挖方（A_{Wi}）面积，再计算两相邻断面间的土石方量。

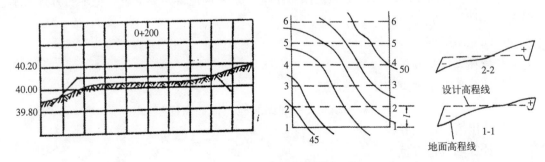

图 6-9　断面法

$$V_{\mathrm{T}} = 1/2 \left(A_{\mathrm{T}i} + A_{\mathrm{T}i+1} \right) l$$

$$V_{\mathrm{W}} = 1/2 \left(A_{\mathrm{W}i} + A_{\mathrm{W}i+1} \right) l$$

最后求出总填挖方量。

三、等高线法

当地面起伏大，仅计算挖方时利用等高线法（图 6-10）：

总填挖方量 = 相邻等高线所围面积平均值 × 等高距

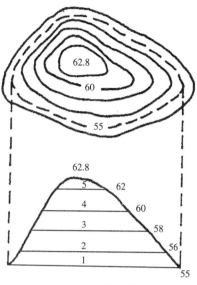

图 6-10　等高线法

【知识拓展】

一、CASS 软件土方量的计算

CASS 软件的土方量计算包括 DTM 法、断面法、等高线法、方格网法、区域土方量平衡法。

操作方法：打开 CASS 软件，导入地形图数据，选择土方量计算菜单，可看到菜单项目，具体操作步骤如下所述：

执行"绘图处理 / 展高程点"命令，展绘坐标文件 dgx.dat 碎部点三维坐标。

执行"Pline"命令绘制一条闭合多段线作为土方计算边界。执行"工程应用 / 方格网法土方计算"命令，点选土方计算闭合多段线"方格网土方计算"对话框，选择 dgx.dat 文件。在"设计面"区方格宽度输入"10"，单击"确定"按钮，CASS 按对话框的设置自动绘制方格网，计算每个方格网的挖填土方量，并将计算结果绘制成图。

二、区域土方量平衡法土方计算

计算指定区域挖填平衡设计高程和土方量，执行"工程应用 / 区域土方量平衡 / 根据坐标文件"命令，在标准文件对话框选择 dgx.dat 文件；选择土方边界线（点选封闭多段线），输入边界插值间隔（默认值 20m），输入土方平衡高度、挖方量、填方量。CASS 在指定点处绘制土方计算表格和挖填平衡分界线。

【能力拓展】

利用地形图进行填挖土（石）方量概算实例

利用地形图进行填挖土（石）方量概算的方法有多种，其中方格法（或设计等高线法）是应用最广泛的一种。如图 6-11 所示，假设要求将原地貌按挖填土方量平衡的原则改造成水平面，其步骤如下：

1. 在地形图上绘方格网

在地形图上拟建场地内绘制方格网。方格网的大小取决于地形复杂程度，地形图比例尺大小以及土方概算的精度要求。例如在设计阶段采用 1∶500 的地形图时，根据地形复杂情况，一般边长为 10m 或 20m。方格网绘制完后，根据地形图上的等高线，用内插法求出每一方格顶点的地面高程，并注记在相应方格顶点的右上方，如图 6-11 所示。

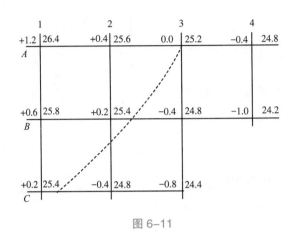

图 6-11

2. 计算设计高程

先将每一方格顶点的高程加起来除以 4，得到各方格的平均高程，再把每个方格的平均高程相加除以方格总数，就得到设计高程 H_0。

$$H_0 = (H_1 + H_2 + \cdots H_n) /n = 25.2m$$

式中：H_n 为每一方格的平均高程；n 为方格总数。

从设计高程 H_0 的计算方法和图 6-11 可以看出：方格网的角点 A_1、A_4 的高程只用了 1 次，边点 A_2、A_3、B_1、C_1……的高程用了 2 次，拐点 B_4 的高程用了 3 次，而中间点 B_2、B_3、C_2、C_3……的高程都用了 4 次。因此，设计高程的计算公式也可写为：

$$H_0 = (\sum H_{角} + 2\sum H_{边} + 3\sum H_{拐} + 4\sum H_{中}) /4n = 25.2m$$

将方格顶点的高程输入上式即可计算出设计高程。在图上内插出高程值为 25.2 的等高线（图中虚线），称为填挖边界线（或称零线）。

3. 计算挖、填高度

根据设计高程和方格顶点的高程，可以计算出每一方格顶点的挖、填高度，即：

$$填、挖高度 = 地面高程 - 设计高程$$

将图中各方格顶点的挖、填高度写于相应方格顶点的左上方，正号为挖深，负号为填高。

4. 计算挖、填土方量

挖、填土方量可按角点、边点、拐点和中点分别按下式计算。

$$角点：挖（填）土方量 = 挖（填）高 \times 1/4 方格面积$$

边点：挖（填）土方量 = 挖（填）高 ×1/2 方格面积

拐点：挖（填）土方量 = 挖（填）高 ×3/4 方格面积

中点：挖（填）土方量 = 挖（填）高 ×1 方格面积

【能力测试】

如图 6-11 所示，设每一方格面积为 400m，计算的设计高程是 25.2m，每一方格的挖深或填高数据已分别计算，并已注记在方格顶点的左上方。于是，可列表（表 6-1）分别计算出挖方量和填方量。从计算结果可以看出，挖方量和填方量是相等的，满足"挖、填平衡"的要求。

挖、填土方计算表 表 6–1

点号	挖深（m）	填高（m）	所占面积（m²）	挖方量（m³）	填方量（m³）
A_1	+1.2		100	120	
A_2	+0.4		200	80	
A_3	0.0		200	0	
A_4		−0.4	100		40
B_1	+0.6		200	120	
B_2	+0.2		400	80	
B_3		−0.4	300		120
B_4		−1.0	100		100
C_1	+0.2		100	20	
C_2		−0.4	200		80
C_3		−0.8	100		80
				Σ：420	Σ：420

【实践活动】

以小组为单位完成土方量测算工作任务。

1. 实训组织：每个小组 4 ~ 6 人，每组选 1 名组长，按教师提供的工程任务进行施工现场场地平整和土方量计算（可根据学校的教学条件选择方格网法或使用软件计算）。

2. 实训时间：2 学时。

3. 实训工具

（1）水准仪 1 套、钢尺 1 把、方桩和指示桩若干、锤子 1 把、记录板 1 块

（2）电脑 1 台（配有计算软件）

（3）计算器、铅笔

任务 6.3 施工控制测量

【任务描述】

施工控制测量是为建立施工控制网进行的测量。其内容包括：施工控制网的坐标系统设计和精度设计、施工控制网的布设、控制点的标石或观测墩的埋设或建造、控制网的观测、平差计算以及控制网的定期复测。布设施工控制网主要是测设工程建筑物的轴线端点和高程基点，因其具有控制范围小、控制点密度大、精度要求高、使用频繁和受施工干扰等特点，有很强的特殊性。因此，通常需建立专用的施工坐标系，以便于进一步施工放样，此时不仅要考虑控制网的精度以便于控制点的保护，还应注意将建筑物的轴线端点和特殊的工程位置点（如洞口点、井口点、线路转折点）等选作施工控制网点。控制点标志（石）的埋设不仅应符合规范要求，还需考虑其精度高和使用频繁的特点，必要时可建造成带有强制对中装置或顶面带有金属标板的观测墩。

一、任务内容

根据给定建筑总平面图（图 6-12）布设合理的建筑施工平面控制网，选择适当的测设方法将平面控制网测设到实地并进行检核。

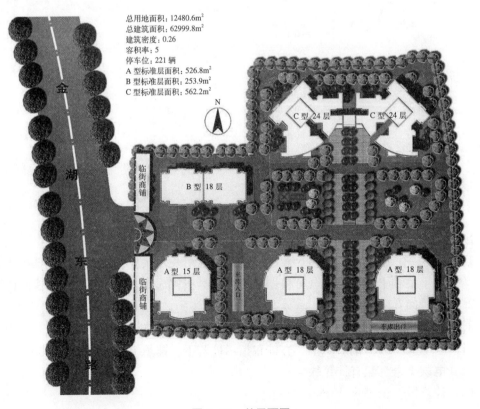

图 6-12 总平面图

二、相关规范

(1)《工程测量规范》GB 50026–2007

(2)《建筑工程施工质量验收统一标准》GB 50300–2013

【任务实施】

一、施工平面控制网

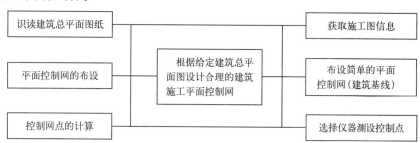

二、施工高程控制网

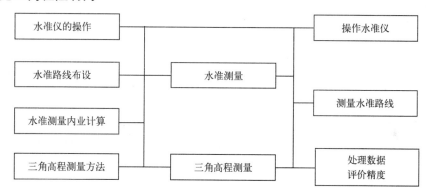

【学习支持】

一、平面控制网测设

1. 场区平面控制网布设原则

(1)平面控制应先从整体考虑，遵循先整体后局部，高精度控制低精度的原则。

(2)布设平面控制网的根据是设计总平面图。

(3)点应选在通视条件良好、安全、易保护的地方。

(4)桩位用混凝土保护，需要时用钢管进行围护，并用红油漆做好测量标记。

2. 场区平面控制网的布设及复测

由于工程占地面积较大，根据总平面图利用全站仪（测角1″，测距1+1PPM），从高级起算点在场区布测一条十字形基线，然后采用极坐标法，定出建筑物纵横两条主轴线，经角度、距离校测符合点位限差要求后，作为主场区首级平面控制网。

地下室的平面控制应与主场区首级平面控制同时进行，并要进行相互校核。场区平面控制网的精度等级符合《建筑变形测量规范》的要求，控制网的技术指标必须符合表 6-2 的规定。

控制网的技术指标 表 6-2

等级	测角中误差(″)	边长相对中误差
Ⅱ级	$\pm 15″ \sqrt{n}$	1/15000

3. 建筑物的平面控制网

首级平面控制网布设完成后，建立建筑物平面矩形控制网，建筑物平面矩形控制网悬挂于首级平面控制网上。

二、高程控制网建立

1. 高程控制网的布设原则

（1）为保证建筑物竖向施工的精度要求，在场区内建立高程控制网。高程控制网的建立是根据甲方提供的场区水准基点（至少应提供 3 个），采用 DS_1 精密水准仪（精度 1mm/km 往返测）对所提供的水准基点进行复测检查，校测合格后，测设一条附合水准路线，联测场区平面控制点，以此作为保证施工竖向精度控制的首要条件。

（2）高程控制网的精度采用三等水准的精度。

（3）在布设附合水准路线前，结合场区情况，在场区与甲方所提供的水准基点间埋设半永久性高程点，埋设 3 ～ 6 个月后，再进行联测，测出场区半永久性点的高程，该点也可作为以后沉降观测的基准点。

（4）场区内至少应有 3 个水准点，水准点的间距应小于 1km，距离建筑应大于 25m，距离回土边线应不小于 15m。

2. 高程控制

将测量偏差控制在规范允许的范围内（层间测量误差控制 $\pm 3mm$ 内，总高测量偏差小于 15mm），及时准确地为工程提供可靠的高程基准点，紧密配合施工，指导施工。

（1）平面高程控制网的施测：将甲方提供的水准点复检合格后组成闭合环，采用双仪高法进行引测。

（2）可以将水准点和平面控制点设在一起。

（3）技术要求：水准线路应按附合路线和环形闭合差计算；采用二等水准测量，其中数据反映应为三等水准测量，具体要求见表 6-3。

高程控制测量的技术要求 表 6-3

水准仪型号	观测次数	视线长度（m）	水准尺	前后视距差	前后视距差累计（m）	视线离地面最小高度（m）	读数误差（mm）	一测站高差较差（仪高法）（mm）	闭合差（mm）
DS_1	往返各一次	不大于 50	铟钢尺	1	3	0.5	不大于 0.5	0.7	$12\sqrt{L}$ 或 $4\sqrt{n}$（$n<15$）

注：n 为测站；L 为公里数。

（4）成果的处理及复测周期

每一测站观测成果应于观测时直接记录于三、四等水准测量手簿中，不得记于其他纸张上最后进行转抄；每一测站观测完毕，立即进行计算和校核，各项校核数据都在规范允许范围内，方可将仪器转入下一站。由于本工程水准网较简单，只进行简单的高差改正即可。

各高程基准点的复测工作，每月进行 1 次。

【知识拓展】

建筑基线和建筑方格网

建筑平面控制的形式有建筑基线、建筑方格网、原有导线网点等。

建筑基线是建筑场地的施工控制基准线。即在场地中央测设一条或几条互相垂直的轴线，作为建筑物定位的依据。

建筑基线是根据设计建筑物的分布、场地的地形和原有控制点的情况而定的。

根据建筑设计总平面图的施工坐标系及建筑物的分布情况，建筑基线可以在总平面图上设计三点"一"字形、三点"L"形、四点"T"字形及五点"十"字形等形式，如图 6-13 所示。建筑基线的形式可以灵活多样，适合于各种地形条件。

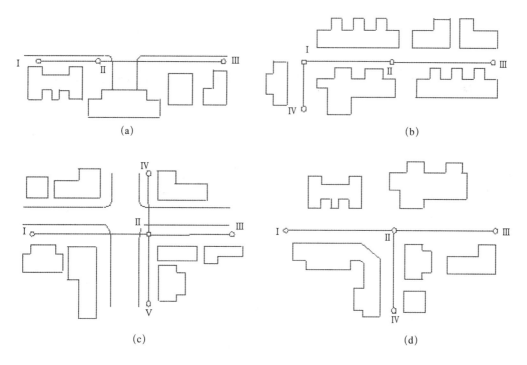

图 6-13　建筑基线布置形式

(a) 三点"一"字形；(b) 三点"L"形；(c) 五点"十"字形；(d) 四点"T"字形

设计建筑基线时应该注意以下几点：①建筑基线应平行或垂直于主要建筑物的轴线；②建筑基线主点间应相互通视，边长为 100～400m；③主点在不受挖土损坏的条件下，应尽量靠近主要建筑物；④建筑基线的测设精度应满足施工放样的要求；⑤基线点应不少于 3 个，以便检测建筑基线点有无变动。

对于地形较平坦的大、中型建筑场区，主要建筑物、道路及管线常按互相平行或垂直关系进行布置。为使建筑施工现场的主要建筑物、道路及管线与总平面图设计整体保持一致性，简化计算及方便施测，施工平面控制网多由正方形或矩形格网组成，其称为建筑方格网。

【能力拓展】

建筑基线的测设

1. 根据建筑红线测设建筑基线：在城市建筑区，由城市规划部门在现场直接标定建筑用地的边界线，称为"建筑红线"。一般情况下，建筑基线与建筑红线平行或垂直，可根据建筑红线用平行推移法测设建筑基线。其测设步骤如下：

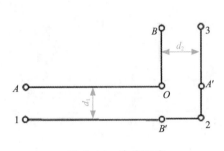

图 6-14　直线平移

如图 6-14 所示，安置仪器于 2 点，后视 3 点，在视线方向上量取 d_1 定出 A' 点。再后视 1 点，在视线方向上量取 d_2 定出 B' 点。然后安置仪器于 A' 点后视 3 点，逆时针转动 90°，在视线方向上量取 d_2 和 $A'A$ 的距离，定出 O 点和 A 点；再安置仪器于 B' 点，用相同的方法定出 O 点和 B 点。当把 A、O、B 三点在地面上用木桩标定后，安置经纬仪于 O 点，观测 $\angle AOB$ 是否等于

$\angle 123$，其不符值不应超过 ±24″。量 OA、OB 距离是否等于设计长度，其不符值不应大于 1/10000。若误差超限，应检查推平行线时的测设数据。若误差在许可范围之内，则适当调整 A、B 点的位置。如果建筑物轴线与基线距离较近时，则可利用建筑红线作为建筑基线。

2. 根据附近已有的导线网点测设建筑基线。根据导线网点的分布情况，可采用直角坐标法或极坐标法测设。

【能力测试】

1. 简述选点的注意事项。
2. 经纬仪平面控制测量需要测哪些数据？
3. 平面控制网应该根据什么进行布设？
4. 放样控制点选择不同的仪器应如何操作？

【实践活动】

以小组为单位进行建筑施工控制测量工作任务。

1. 实训组织：每个小组 4 ~ 6 人，每组选 1 名组长，按观测、记录、计算、立尺、钉桩、校核等工作进行任务分工，并在工作中轮换分工，熟悉各项工作。

2. 实训时间：4 学时。

3. 实训工具

（1）经纬仪 1 套、水准仪 1 套或全站仪 1 套、钢尺 1 把、方桩若干、锤子 1 把、记录板 1 块

（2）计算器、铅笔

任务 6.4　测设的基本工作

【任务描述】

测设就是根据已有的控制点或地物点，按工程设计要求，将待建的建筑物、构筑物的特征点在实地标定出来。因此，首先要计算出这些特征点与控制点或原有建筑物之间的角度、距离和高差等测设数据，然后利用测量仪器和工具，根据测设数据将特征点测设到实地。

测设的基本工作包括已知水平距离测设、已知水平角测设和已知高程测设。

一、任务内容

（1）测设的含义；

（2）已知水平距离的测设；

（3）已知水平角的测设；

（4）已知高程的测设。

二、相关规范

（1）《工程测量规范》GB 50026–2007

（2）《城市测量规范》CJJ8–2011

（3）《建筑施工测量技术规程》DB11/T 446–2007

（4）《建筑工程施工质量验收统一标准》GB 50300–2013

【任务实施】

独立测设已知水平距离、水平角、高程值的点。

【学习支持】

一、已知水平距离的测设

已知水平距离的测设，是从地面上一个已知点出发，沿给定的方向，量出已知（设计）的水平距离，在地面上定出这段距离另一端点的位置。

1. 钢尺测设

当测设精度要求不高时，从已知点开始，沿给定的方向，用钢尺直接丈量出已知水平距离，定出这段距离的另一端点。为了校核，应再丈量一次，若两次丈量的相对误差在 1/3000 ~ 1/5000 内，取平均位置作为该端点的最后位置。

2. 光电测距仪测设法

由于光电测距仪的普及应用，当测设精度要求较高时，一般采用光电测距仪测设法。测设方法如下：

（1）如图 6-15 所示，在 A 点安置光电测距仪，反光棱镜在已知方向上前后移动，使仪器显示值略大于测设的距离，定出 C′ 点。

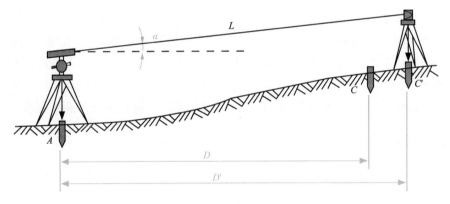

图 6-15 用测距仪测设已知水平距离

（2）在 C′ 点安置反光棱镜，测出垂直角 α 及斜距 L（必要时加测气象改正），计算水平距离 $D' = L\cos\alpha$，求出 D' 与应测设的水平距离 D 之差 $\Delta D = D - D'$。

（3）根据 ΔD 的数值在实地用钢尺沿测设方向将 C' 改正至 C 点，并用木桩标定其点位。

（4）将反光棱镜安置于 C 点，再实测 AC 距离，其不符值应在限差之内，否则应再次进行改正，直至符合限差为止。

二、已知水平角的测设

已知水平角的测设，就是在已知角顶根据一个已知边方向，标定出另一边方向，使两方向的水平夹角等于已知水平角角值。

1. 一般方法

当测设水平角的精度要求不高时，可采用盘左、盘右取中数的方法测设，如图 6-16 所示。设地面已知方向 OA，O 为角顶，β 为已知水平角角值，OB 为欲定的方向线。其测设方法如下：

（1）在 O 点安置经纬仪，盘左位置瞄准 A 点，使水平度盘读数为 $0°\ 00'\ 00''$。

（2）转动照准部，使水平度盘读数恰好为 β 值，在此视线上定出 B' 点。

（3）盘右位置，重复上述步骤，再测设一次，定出 B'' 点。

（4）取 B' 和 B'' 的中点 B，则 $\angle AOB$ 就是要测设的 β 角。

2. 精确方法

当测设精度要求较高时，可按如下步骤进行测设，如图 6-17 所示。

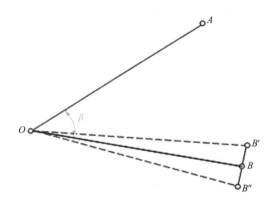

图 6–16　已知水平角测设的一般方法

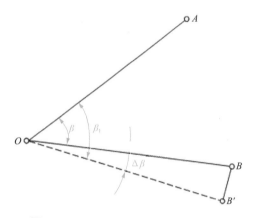

图 6–17　已知水平角测设的精确方法

（1）先用一般方法测设出 B' 点。

（2）用测回法对 $\angle AOB'$ 观测若干个测回（测回数根据要求的精度而定），求出各测回平均值 β_1，并计算出 $\Delta\beta$。

$$\Delta\beta = \beta - \beta_1$$

（3）量取 OB' 的水平距离。

（4）用式（6-1）计算改正距离。

$$BB' = OB'\tan\Delta\beta \approx OB'\frac{\Delta\beta}{\rho''} \tag{6-1}$$

（5）自 B' 点沿 OB' 的垂直方向量出距离 BB'，定出 B 点，则 $\angle AOB$ 就是要测设的角度。

量取改正距离时，如 $\Delta\beta$ 为正，则沿 OB' 的垂直方向向外量取；如 $\Delta\beta$ 为负，则沿 OB' 的垂直方向向内量取。

三、已知高程的测设

已知高程的测设，是利用水准测量的方法，根据已知水准点，将设计高程测设到现场作业面上。

如图 6-18 所示，某建筑物的室内地坪设计高程为 45.000m，附近有一水准点 BM_3，其高程为 H_3=44.680m。现在要求把该建筑物的室内地坪高程测设到木桩 A 上，作为施工时控制高程的依据。

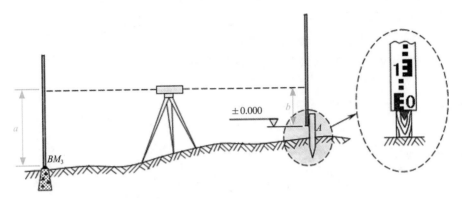

图 6-18　已知高程的测设

（1）在水准点 BM_3 和木桩 A 之间安置水准仪，在 BM_3 立水准尺上，用水准仪的水平视线测得后视读数为 1.556m，此时视线高程为：

$$44.680 + 1.556=46.236m$$

（2）计算 A 点水准尺尺底为室内地坪高程时的前视读数为：

$$b=46.236-45.000=1.236m$$

（3）上下移动竖立在木桩 A 侧面的水准尺，直至水准仪的水平视线在尺上截取的读数为 1.236m 时，紧靠尺底在木桩上画一水平线，其高程即为 45.000m。

【知识拓展】

已知坐标的点位测设

利用全站仪可以根据点的坐标找到点的位置，具体操作如下：

安置全站仪与已知点上，采用全站仪放样模式，向全站仪输入测站点坐标、后视点坐标（或方位角），再输入放样点坐标。准备工作完成之后，用望远镜照准棱镜，按坐标放样功能键，则可立即显示当前棱镜位置与放样点位置的坐标差。根据坐标差值，移动棱镜位置，直至坐标差值为零。这时，棱镜所对应的位置就是放样点位置，在地面做出标志。

【能力拓展】

测设深基坑底水平桩（已知高程）

当向较深的基坑或较高的建筑物上测设已知高程点时，水准尺长度不够时，可利用钢尺向下或向上引测。

如图 6-19 所示，欲在深基坑内设置点 B，使其高程为 H。地面附近有一水准点 R，其高程为 H_R。测设方法如下：

（1）在基坑一边架设吊杆，杆上吊 1 根零点向下的钢尺，尺的下端挂上 10kg 的重锤，放入油桶中。

（2）在地面安置 1 台水准仪，设水准仪在 R 点所立水准尺上读数为 a_1，在钢尺上读数为 b_1。

（3）在坑底安置另 1 台水准仪，设水准仪在钢尺上读数为 a_2。

（4）计算 B 点水准尺底高程为 H 时，B 点处水准尺的读数应为：

$$b_{应} = (H_R + a_1) - (b_1 - a_2) - H_{设} \tag{6-2}$$

用同样的方法，也可从低处向高处测设已知高程的点。

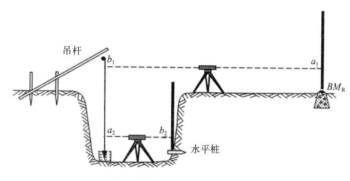

图 6-19　高程传递

【能力测试】

测设由给定的高程是根据施工现场已有的水准点引测的。在建筑设计和施工的过程中，为了计算方便，一般把建筑物的室内地坪用 ±0.000 标高表示。

如图 6-20 所示，某建筑物的室内地坪设计高程为 15.000m，附近有一水准点 BM_3，其高程为 $H_3=14.320m$。现在要求把该建筑物的室内地坪高程测设到木桩 A 上，作为施工时控制高程的依据。请描述具体的测设方法。

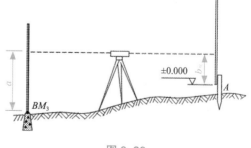

图 6-20

【实践活动】

以小组为单位进行已知高程的测设工作。

1. 实训组织：每个小组 4 ~ 6 人，每组选 1 名组长，按观测、记录、计算、立尺、钉桩、校核等工作进行任务分工，并在工作中轮换分工，熟悉各项工作。

2. 实训时间：2 学时。

3. 实训工具

（1）水准仪 1 套、方桩 1 个、锤子 1 把、记录板 1 块、红蓝铅笔或油漆

（2）计算器、铅笔

任务 6.5 测设平面点位

【任务描述】

平面点位的测设是根据已知条件和已知数据，将待定点在施工现场中标定出来。测设方法有直角坐标法、极坐标法、角度交会法和距离交会法。具体测设方法应根据控制网的形式、地形情况、现场条件及精度要求等因素确定。直角坐标法是根据直角坐标原理，利用纵横坐标之差来确定点的平面位置，适用于施工控制网为建筑方格网或建筑基线的形式，且量距方便的建筑施工场地，是建筑施工现场常用的平面点位测设方法。

一、任务内容

如图 6-21 所示，Ⅰ、Ⅱ、Ⅲ、Ⅳ为建筑施工场地的建筑方格网点，a、b、c、d 为欲测设建筑物的 4 个角点，根据设计图上各点坐标值，可求出建筑物的长度、宽度及测设数据。

计算测设数据

建筑物的长度 $= y_c - y_a = 580.00 - 530.00 = 50.00\text{m}$

建筑物的宽度 $= x_c - x_a = 650.00 - 620.00 = 30.00\text{m}$

测设 a 点的测设数据（Ⅰ点与 a 点的纵横坐标之差）

$\Delta x = x_a - x_I = 620.00 - 600.00 = 20.00\text{m}$

$\Delta y = y_a - y_I = 530.00 - 500.00 = 30.00\text{m}$

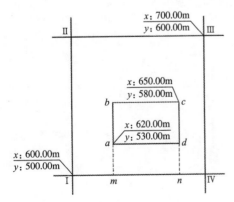

图 6-21 直角坐标法确定点的平面位置

二、相关规范

（1）《工程测量规范》GB 50026－2007

（2）《建筑工程施工质量验收统一标准》GB 5030－2013

【任务实施】

（1）在Ⅰ点安置经纬仪，瞄准Ⅳ点，沿视线方向测设距离30.00m，定出 m 点，继续向前测设50.00m，定出 n 点。

（2）在 m 点安置经纬仪，瞄准Ⅳ点，按逆时针方向测设90°角，由 m 点沿视线方向测设距离20.00m，定出 a 点，做标志，再向前测设30.00m，定出 b 点，做标志。

（3）在 n 点安置经纬仪，瞄准Ⅰ点，按顺时针方向测设90°角，由 n 点沿视线方向测设距离20.00m，定出 d 点，做标志，再向前测设30.00m，定出 c 点，做标志。

（4）检查建筑物四角是否等于90°，各边长是否等于设计长度，其误差均应在限差以内。

【学习支持】

平面点位测设的其他三种方法是极坐标法、角度交会法、距离交会法。

一、极坐标法

极坐标法是根据一个水平角和一段水平距离，测设点的平面位置。极坐标法适用于量距方便，且待测设点距控制点较近的建筑施工场地。由于全站仪的普及，在建筑施工测量中极坐标法的应用频率较高。

1. 计算测设数据

如图 6-22 所示，A、B 为已知平面控制点，其坐标值分别为 A (x_A, y_A)、B (x_B, y_B)，P 点为建筑物的一个角点，其坐标为 P (x_P, y_P)。现根据 A、B 两点，用极坐标法测设 P 点，其测设数据计算方法如下：

（1）计算 AB 边的坐标方位角 α_{AB} 和 AP 边的坐标方位角 α_{AP}，按坐标反算公式计算。

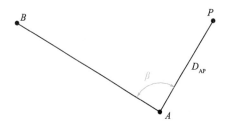

图 6-22 极坐标法测设点的平面位置

每条边在计算时，应根据 Δx 和 Δy 的正负情况，判断该边所属象限。

（2）计算 AP 与 AB 之间的夹角。

（3）计算 A、P 两点间的水平距离。

2. 点位测设方法

（1）在 A 点安置经纬仪，瞄准 B 点，按逆时针方向测设 β 角，定出 AP 方向。

（2）沿 AP 方向自 A 点测设水平距离 DAP，定出 P 点，做标志。

（3）用同样的方法测设 Q、R、S 点。全部测设完毕后，检查建筑物四角是否等于90°，各边长是否等于设计长度，其误差均应在限差以内。

二、角度交会法

角度交会法适用于待测设点距控制点较远，且量距较困难的建筑施工场地。

1. 计算测设数据

如图 6-23 所示，A、B、C 为已知平面控制点，P 为待测设点，现根据 A、B、C 三点，用角度交会法测设 P 点，其测设数据计算方法如下：

（1）按坐标反算公式，分别计算出 α_{AB}、α_{AP}、α_{BP}、α_{CB} 和 α_{CP}。

（2）计算水平角 β_1、β_2 和 β_3。

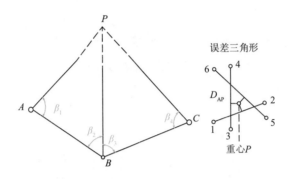

图 6-23　角度交会法测设点的平面位置

2. 点位测设方法

（1）在 A、B 两点同时安置经纬仪，同时测设水平角 β_1 和 β_2 定出两条视线，在两条视线相交处钉下一个大木桩，并在木桩上依 AP、BP 绘出方向线及其交点。

（2）在控制点 C 上安置经纬仪，测设水平角 β_3，同样在木桩上依 CP 绘出方向线。

（3）如果交会没有误差，此方向应通过前两方向线的交点，否则将形成一个"示误三角形"，若示误三角形边长在限差以内，则取示误三角形重心作为待测设点 P 的最终位置。

测设 β_1、β_2 和 β_3 时，视具体情况，可采用一般方法和精密方法。

三、距离交会法

距离交会法是由两个控制点测设两段已知水平距离，交会定出点的平面位置。距离交会法适用于待测设点至控制点的距离不超过一尺段长，且地势平坦，量距方便的建筑施工场地。

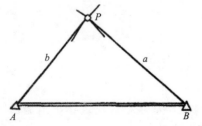

图 6-24　距离交会法测设点的平面位置

1. 计算测设数据

如图 6-24 所示，A、B 为已知平面控制点，P 为待测设点，现根据 A、B 两点，用距离交会法测设 P 点，其测设数据计算方法为：根据 A、B、P 三点的坐标值，分别计算出 D_{AP} 和 D_{BP}。

2. 点位测设方法

（1）将钢尺的零点对准 A 点，以 D_{AP} 为半径在地面上画一圆弧。

（2）再将钢尺的零点对准 B 点，以 D_{BP} 为半径在地面上再画一圆弧。两圆弧的交点即为 P 点的平面位置。

【知识拓展】

测设就是根据工程设计图纸上待建结构物的轴线位置、尺寸及其高程，计算待建结构物各特征点（轴线交点等）与控制点（或已建成结构物特征点）之间的距离、角度、高差等测设数据，然后以地面控制点为依据，将待建结构物的特征点在实地用工程桩定位，作为施工的依据。

不论测设对象是建筑物还是构筑物，测设点位的基本工作是通过测设已知的水平距离、水平角度和高程，从而确定空间点位。

【能力拓展】

测设已知距离精确方法

当测设精度要求较高时，应按钢尺量距精密方法进行测设，具体作业步骤如下：

（1）将经纬仪安置在起点 A 上，并标定给定的直线方向，沿该方向粗略测量，并在地面上打下尺段桩和终点桩 B，桩顶刻十字标志。

（2）用水准仪测定各相邻桩顶之间的高差。

（3）按钢尺精密量距的方法量出整尺段的距离，并加尺长改正、温度改正和倾斜改正，计算每尺段的距离及各尺段距离之和，得最后结果为 L_{AB}。

（4）设应测设的水平距离为 D_{AB}，则余长 $R=D_{AB}-L_{AB}$。计算余长段应测设的实地长度。

$$L_R=R-\Delta l_d-\Delta l_r-\Delta l_h$$

（5）根据 L_R 在地面上测设余长段，并在终点桩上做标志，即为所测设的终点 B。如终点超过了原打设的终点桩时，应另打设终点桩。

【能力测试】

在地面上欲测设一段 15.000m 长的水平距离 AB，钢尺尺长方程：$1t=30.0000-0.0050+1.2\times10^{-5}\times30$（t-20），测设时温度为 30℃，A、B 两点高差 $h_{AB}=0.500$m，所施于钢尺的拉力与检定时拉力相同，试计算测设时在地面上应量出的长度 L。

【实践活动】

以小组为单位采用直角坐标法测设点位。

1. 实训组织：每个小组 4～6 人，每组选 1 名组长，按观测、记录、计算、立尺、钉桩、校核等工作进行任务分工，并在工作中轮换分工，熟悉各项工作。

2. 实训时间：4 学时。

3. 实训工具

（1）经纬仪 1 套、钢尺 1 把、方桩和指示桩若干、锤子 1 把、记录板 1 块

（2）计算器、铅笔

任务 6.6　建筑物的定位放线

【任务描述】

建筑物定位放线是根据建筑施工控制测量所确定的控制点测设建筑物主轴线（确定建筑物位置和大小的轴线）交点，确定基础开挖边界线，测设建筑物内部各轴线的交点，妥善保存主轴线交点的过程。

建筑物的定位放线是根据设计给定的定位依据和定位条件进行建筑物定位放线，是确定平面位置和开挖范围的关键环节，施测中必须保证精度，杜绝错误。在高层建筑中地下工程较多，基础开挖范围较大，开挖区内的各种中线或轴线桩均会被挖掉，而在地下、地上各层施工中，又需准确、迅速地恢复轴线位置，以保证同一条中线或轴线在各层上投测的位置都能在同一铅直面内。故建筑物定位放线中，要首先考虑主要中线或轴线桩的准确测设和长期稳定的保留问题。

一、任务内容

根据建筑总平面图（图 6-25）提供的数据测设建筑物 1 栋主轴线交点 P 和 N，编写测设方案并实施，校核其精度。

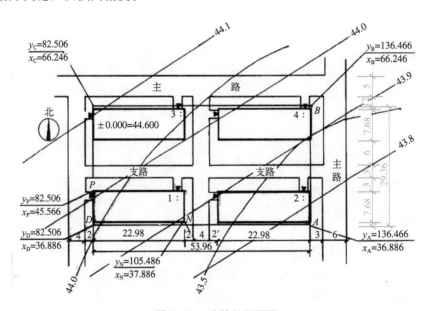

图 6-25　建筑总平面图

二、相关规范

（1）《工程测量规范》GB 50026-2007
（2）《建筑工程施工质量验收统一标准》GB 50300-2013

【任务实施】

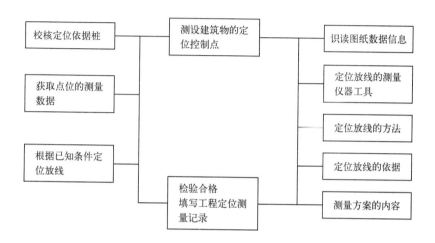

【学习支持】

一、主要概念

1. 建筑物定位放线

建筑物定位放线是根据建筑施工控制测量所确定的控制点测设建筑物主轴线（确定建筑物位置和大小的轴线）交点。

2. 建筑物放线

建筑物放线是根据定位点确定基础开挖边界线；把主轴线交点保存在基础开挖范围之外安全的地方，便于施工过程恢复其位置；测设建筑物内部各轴线的交点。

二、定位放线常用方法

（一）轴线控制桩

轴线控制桩设在离基槽上口边线约 2 ~ 4m 处，与定位桩一起观测（1/2000，±40″），可投射于附近建筑物墙上，用于机械开挖且节省木材（图 6-26）。

（二）设置龙门板（图 6-27）

1. 设置距基槽上口边线约 1 ~ 1.5m 处侧面与基槽平行的龙门桩。

2. 在龙门桩上测设 ±0.000 或比其高（低）某一数值的线。

3. 按标定同一标高线钉龙门板，顶面位于同一标高。

4. 根据轴线桩或定位桩将轴线投至龙门板顶面标定。

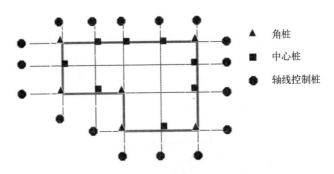

图 6-26 建筑桩位

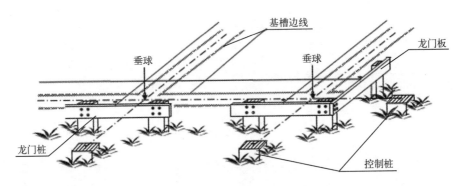

图 6-27 龙门板和控制桩布设

【知识拓展】

一、建筑施工测量方案的主要内容

（1）工程概况：场地位置、面积与地形情况，工程总体布局、建筑面积、层数与高度、结构类型与室内外装饰，施工工期与施工方案要点，本工程的特点与对施工测量的基本要求。

（2）施工测量基本要求：场地、建筑物与建筑红线的关系，定位条件，工程设计及施工对测量精度与进度的要求及所依据的各种规范。

（3）测量起始依据校测：对起始依据点（包括测量控制点、建筑红线桩点、水准点）或原有地上、地下建（构）筑物，均应进行校测。

（4）施工测量工作的组织与管理：根据施工安排制定施工测量工作进度计划，使用仪器型号、数量，附属工具、记录表格等，测量人员与组织等。

二、校核施工图

1. 校核施工图上的定位依据与定位条件。
2. 校核建筑物外廓尺寸。

三、建筑定位轴线的作用

它是确定建（构）筑物主要结构或构件位置及尺寸的控制线。在平面图中，横向与纵向的轴线构成轴线网，它是设计绘图时决定主要结构位置和施工时测量放线的基本依据。一般情况下主要结构或构件的自身与定位轴线是一致的。但也常有不一致的情况，在审图、放线和向施工人员交底时，均应注意，以防放错线、用错线而造成工程错位事故。

【能力拓展】

建筑物定位放线的基本步骤

（1）校核定位依据桩是否有误或碰动。

（2）根据定位依据桩测设建筑物四廓各大角外的控制桩和轴线各交点位置并将各控制桩保留到施工现场外安全的地方。

（3）经自检互检合格后，填写"工程定位测量记录"。

【能力测试】

根据图 6-25 所提供的条件，完成以下任务。

（1）计算地面 P、N 的定位放线数据。

（2）采用什么定位方法进行控制点的定位？

（3）撰写建筑施工测量方案。

【实践活动】

以小组为单位进行建筑物定位放线测量工作任务。

1. 实训组织：每个小组 4～6 人，每组选 1 名组长，按观测、记录、计算、立尺、钉桩、校核等工作进行任务分工，并在工作中轮换分工，熟悉各项工作。

2. 实训时间：2 学时。

3. 实训工具

（1）经纬仪或全站仪 1 套、钢尺 1 把、方桩和指示桩若干、锤子 1 把、记录板 1 块

（2）计算器、铅笔

任务 6.7 基础施工测量

【任务描述】

建筑物的基础分为浅基础和深基础。浅基础施工测量比较简单，主要是确定基槽开挖的宽度和深度，确保基槽底水平等。深基础常是桩基础，桩基础施工测量的主要任务：一是把设计总图上的建筑物基础桩位，按设计和施工的要求，准确地测设到拟建区地面上，为桩基础工程施工提供标志，作为按图施工、指导施工的依据。二是进行桩基础施工监测。三是在桩基础施工完成后，为检验施工质量和为地面建筑工程施工提供桩

基础资料，需要进行桩基础竣工测量。

一、任务内容

按图纸要求，利用现场控制桩进行桩基础定位测量。

二、相关规范

（1）《工程测量规范》GB 50026－2007

（2）《建筑工程施工质量验收统一标准》GB 50300－2013

【任务实施】

桩基定位测量步骤如下：

1.认真熟悉图纸，详细校对各轴线桩布置情况，每行桩与轴线的关系，是否偏中，核对桩距、桩数、承台标高、桩顶标高。

2.根据轴线控制桩纵横拉小线，把轴线放到地面上。如图 6-28 所示，从纵横轴线交点起，按桩位布置图，逐轴线逐个桩量尺定位，在桩中心钉上木桩。

3.每个桩中心都钉固定标志，一般用 4cm×4cm 木方钉牢或用浅颜色标志，以便钻机在成孔过程中及时准确地找准桩位。

4.桩基成孔后，浇筑混凝土前在每个桩附近重新抄测桩标高，以便正确掌握桩顶标高和钢筋外露长度。

桩顶混凝土桩标高误差应在承台梁保护层厚度或承台梁垫层厚度范围内。桩距误差应符合规范要求。

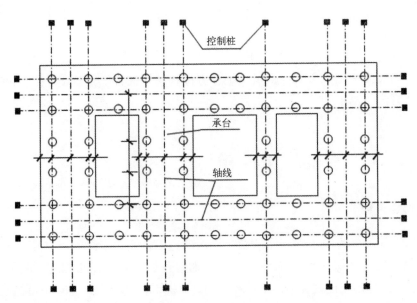

图 6-28　桩基础定位测量

【学习支持】

一、熟悉相关设计图纸

首先熟悉设计资料及图纸，了解设计意图，设计图纸施工测量的主要依据。了解施工的建筑物与相邻建筑物之间的相互位置关系，建筑物的尺寸和施工的要求等；并对设计图纸的有关尺寸进行仔细核对，必要时将图纸上主要尺寸抄于施测记录本上，以便随时查找。

二、现场勘测

了解建筑施工现场上地物、地貌以及原有控制测量点的分布情况，应进行现场踏勘，并对建筑施工现场上的平面控制点和水准点进行检核，以便获得正确的测量数据，然后根据实际情况考虑测设方法。

三、确定测设方案和准备测设数据

在熟悉设计图纸，掌握施工计划和施工进度的基础上，结合现场条件和实际情况，在满足《工程测量规范》GB 50026–2007 的建筑物施工放样技术要求的前提下，拟定测设方案。测设方案包括测设方法，测设步骤，采用的仪器工具，精度要求，时间安排等。

在每次现场测设之前，应根据设计图纸和测设控制点的分布情况，准备好相应的测设数据并对数据进行检核，需要时还可绘出测设略图，把测设数据标注在略图上，使现场测设时更方便，快捷，减少出错的可能。

【知识拓展】

一、建筑物轴线测设的主要技术要求

建筑物桩基础定位测量，一般是根据建筑设计所提供的测量控制点或基准线与新建筑物的相关数据，首先测设建筑物定位矩形控制网，进行建筑物定位测量，然后根据建筑物的定位矩形控制网，测设建筑物轴线桩位，最后再根据轴线桩位测设承台桩位。

二、高程测量的技术要求

桩基础施工测量的高程应以设计或建设单位所提供的水准点作为基准进行引测。在高程引测前，应对原水准点高程进行检测。确认无误后才能使用，在拟建区附近设置水准点，其位置不应受施工影响，便于使用和保存，数量一般不得少于 2 ~ 3 个，一般应埋设水准点或选用附近永久性的建筑物作为水准点。高程测量可按四等水准测量方法和要求进行，其往返较差，附合或环线闭合差不应大于 $\pm 20 \sqrt{L}$，L 为水准路线长度，以 km 为单位。桩位点高程测量一般用普通水准仪散点法施测，高程测量误差不应大于 ± 1cm。

【能力拓展】

使用全站仪进行基础定位测量

如果设计图纸和现场控制桩是以坐标形式给出,那么采用全站仪进行定位测量会更好,具体步骤是:

1. 熟悉图纸,勘察现场;

2. 确定测量方案;

3. 将测站点、后视点、检查点、各桩位点坐标导入全站仪中;

4. 现场测量;

5. 检查校核各桩位点,需满足相关规范、标准和工程技术要求。

【能力测试】

如图 6-29 所示,简述将龙门板上的轴线投测到垫层上的测量过程。

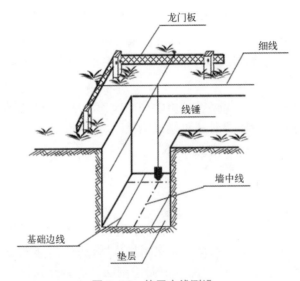

图 6-29 垫层中线测设

【实践活动】

以小组为单位完成基础施工测量工作任务。

1. 实训组织:每个小组 4 ~ 6 人,每组选 1 名组长,按观测、记录、计算、立尺、钉桩、校核等工作进行任务分工,并在工作中轮换分工,熟悉各项工作。

2. 实训时间:2 学时。

3. 实训工具

(1)经纬仪 1 套、钢尺 1 把、方桩和铁钉若干、锤子 1 把、记录板 1 块

(2)计算器、铅笔

任务 6.8　预制构件安装测量

【任务描述】

预制构件安装测量贯穿于整个预制构件安装施工过程，是预制构件施工的关键技术工作之一。通过高精度的测量和校正使得预制构件安装到设计位置上，满足绝对精度的要求，因此测量控制是保证预制构件安装质量以及工程进度的关键工序。

一、任务内容

完成预制构件安装测量任务是将预制构件按设计的平面位置和高程准确地投测在相应的位置上，确保预制构件位置的准确度符合设计要求。

二、相关规范

（1）《工程测量规范》GB 50026–2007
（2）《建筑工程施工质量验收统一标准》GB 50300–2013

【任务实施】

1. 控制网复核和预制构件施工控制网的建立；
2. 预埋件定位、平整度及标高复测；
3. 构件吊装的测量监控；
4. 施工过程中结构的位移监控。

【学习支持】

一、测量器具的准备

测量的精度直接影响到施工安装质量，而测量器具的精度又直接影响着测量的精度。为了保证测量精度，所有测量器具在作业前必须经技术监督部门检定，保证这些仪器的实际测量精度合格。

二、高精度整体控制网的布设

以场区平面规划和招标人提供的测量基准点（红线桩或城市导线）为依据，建立场地平面控制网。控制网是工程整体控制和变形监测的依据和基准，用以保证各单项工程之间的连贯性和统一性。

三、施工控制网的布设

施工控制网是根据施工进度分不同阶段进行测设。它的布设原则是要满足相关施工细部测量或施工控制的要求，全面覆盖。其网形依具体使用对象而定。

四、平面位置测量

在场地平面控制网上用高精度全站仪（或经纬仪）以极坐标方法确定出每根柱子的法线（纵向中心线），距离采用全站仪测距，定出地脚螺栓的中心，然后过中心点做垂线，定出横向中心线，为提高精度，测设时可采用归化法。

五、钢结构体安装测量

钢结构安装过程中，由于受结构、脚手架的影响，测量视线会受到相当程度的阻挡。解决方法：一是在施工场地上定出钢结构主要受力构件的平面投影，用激光铅直仪将主要的点位（方向）投射到施工面上；二是搭设 2 ～ 3 个高出屋顶结构的观测平台，用高精度全站仪三维坐标测量进行控制。安装时，先用激光铅直仪或经纬仪控制钢结构的概略位置，然后用全站仪控制其精确位置。先在钢结构的节点上粘贴全站仪专用不干胶反光标靶。照准标靶后，用坐标放样模式从全站仪中调出（事先由计算机输入的）该节点的三维坐标，全站仪自动计算出该点的实际坐标和实际坐标与安装位置的差值，进行安装过程的调控，并完成最终安装的测量控制。

【知识拓展】

一、预埋件的标高控制

对基础面的高程控制采用水准仪常规高差测量，直接测得预埋件面的标高；对离水准基准点较远的测设，为了减少水准仪的传递误差和多次读数的偶然误差，采用全站仪三角高程测得预埋件的标高。预埋件的标高允许偏差为 3.0mm。

二、构件吊装的测量监控

构件吊装的测量监控常采用经纬仪或全站仪通过观测特定点的位置来实现。这样才能确保吊装的构件安放到设计要求的平面和高程位置上。

【能力拓展】

吊车梁安装测量的主要任务是把吊车梁按设计的平面位置和高程准确地安装在牛腿上，使梁的上下中心线与吊车轨道的设计中心线在同一竖直面内。

如图 6-30 所示，利用厂房中心线，按照设计轨距尺寸 d 值，在地面上测设出吊车轨道中心线 A'—A' 和 B'—B'。分别在端点 A'、B' 安置经纬仪，以另一相应 A'、B' 点定向，把轨道中线（即吊车中心线）投测于每根柱子的牛腿面上，并弹出墨线。

吊装前，先弹出吊车梁顶面中心线和两端中心线，然后把吊车梁安装在牛腿上，使吊车梁中心线与牛腿中心线对齐，允许误差 ±3mm。吊车梁安装完毕后，再用钢尺悬空丈量两根吊车梁或轨道中线间距是否符合行车跨度，其偏差不得超过 ±5mm。最后，用钢尺自柱身 ±0.000 标高线沿柱子侧面向上测设梁面设计高程，在梁下垫铁板调整梁面高程，使其符合设计要求，误差应在 ±5mm 以内。

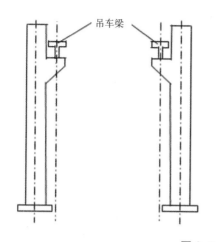
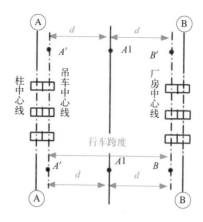

图 6-30　吊车梁安装测量

吊车梁安装测量的注意事项为：

1. 为保证工程测量精度，大风、大雨等气候条件以及施工影响，采取在同一时间段进行平面控制网的垂直传递，四级以上大风天气不得进行平面控制网的垂直传递工作。

2. 高程及平面控制网在垂直向传递中，每次点位迁移，必须对点位进行的复测闭合，自检合格报专业监理工程师验收，验收合格后方可投入使用。

3. 平面控制网测放时应对整个控制网进行角度和距离闭合。当测角中误差在 ±9″ 以内，测距中误差在 1/24000 以内，直线度在 ±5″ 以内，则整个测量控制网满足规范及施工精度要求。已完成的测量控制点分别用记号笔标出，并用防护栏进行围挡防护，避免控制点在施工中损坏。

4. 测设水平线时，采用直接调整水准仪的仪器高度，使后视的视线正对准水平线，前视时直接用红铅笔标出视线标点。这样能提高精度 1 ~ 2mm。

5. 测设标高或水平线时，尽量做到前后视距等长。

6. 由 ±0.000m 水平线向上量距时，所用钢尺经过计量检定，量高差时尺身应垂直并用标准拉力，同时要进行尺长和温度改正。

7. 为防止标高偏差积累数使总高度偏差超限，要严格控制各节点标高偏差，不得超限。均应以原始起点传距，尺身保持垂直，整尺传递，绝不能逐节点传递，避免积累误差。

【能力测试】

如图 6-31 所示，简述柱子安装测量的过程。

【实践活动】

以小组为单位进行预制构件安装测量。

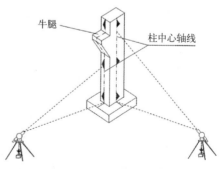

图 6-31　柱子竖直校正测量

1. 实训组织：每个小组 4 ~ 6 人，每组选 1 名组长，按观测、记录、计算、立尺、钉桩、校核等工作进行任务分工，并在工作中轮换分工，熟悉各项工作。

2. 实训时间：2 学时。

3. 实训工具

（1）水准仪、经纬仪、全站仪各 1 套、钢尺 1 把、方桩和铁钉若干、锤子 1 把、记录板 1 块、油漆、施工图 1 套等

（2）计算器、铅笔

任务 6.9　轴线投测

【任务描述】

轴线投测是确保建筑物竖向精度和平面位置正确的关键工作，特别是高层建筑，由于层数多、高度高、外形变化多，垂直测量是重点。结构的竖向偏差对工程受力影响大，因此施工中对竖向投点的精度要求也高。由于建筑结构复杂，设备和装饰标准较高，尤其是高速电梯的安装等，对施工测量精度的要求更高。因此如何从低处向高处精确地传递轴线和高程是很重要的。由低处向高处精确传递轴线有时也叫高层建筑的垂直测量控制。

一、任务内容

依据设计图纸和现场控制点位置，将地面轴线控制点引测到高处。

二、相关规范

（1）《工程测量规范》GB 50026–2007

（2）《建筑工程施工测量规程》DBJ 01–21–95

（3）《建筑安装工程资料管理规程》JGJ/T 185–2009

（4）《建设工程监理规范》GB 50319–2013

【任务实施】

1. 熟悉图纸，踏勘现场；

2. 制定方案；

3. 现场实施；

4. 填写测量报告。

【学习支持】

由于一般工程施工场地狭窄，加之采用多流水段立体交叉作业，为了保证轴线投测的精度，平面及垂直控制采用内控为主，外控为辅的方法。

1. 外控法

经纬仪竖向投测法，适用于场地开阔。当楼房逐渐增高，而轴线控制桩距建筑物较近时，望远镜的仰角较大，操作不便，投测精度将随仰角的增大而降低。为此，要将原中心轴线控制桩引测到更远的安全地方，或者附近大楼的屋顶上，如图 6-32 所示。

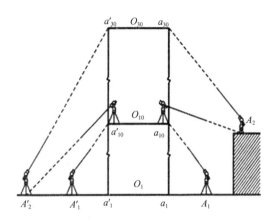

图 6-32　经纬仪竖向投测法

经纬仪一定要经过严格检校才能使用，尤其是照准部水准管轴应严格垂直于竖轴，作业时要仔细整平。为了减小外界条件（如日照和大风等）的不利影响，投测工作在阴天及无风天气进行为宜。

2. 内控法

内控法的轴线竖向传递方法很多，根据仪器的不同常用吊挂线坠投测法、经纬仪投测法、光学垂准仪法、激光铅垂仪法、GPS 定位技术等方法。

（1）每条轴线至少需要 2 个投测点。根据梁、柱的结构尺寸，投测点距轴线以 500 ～ 800mm 为宜。

（2）在每层楼板的投测点处，设置内控基准点：根据轴线桩做好四角控制桩并加以保护，±0.000 以下利用轴线控制桩投测轴线，±0.000 以上采用内控。内控基准点用 150mm×150mm 钢板制作，埋设在建筑物一层底板四大角混凝土内，留置测口。各层楼板的内控基准点正上方相应位置预留一个直径 100mm 的孔洞。

（3）用电子经纬仪利用内控基准点，采用天顶准直法测设定出垂直轴线点。测设时在预备孔洞上放置控点钢板（长 × 宽 × 厚为 150mm×150mm×5mm），中心钻直径 0.5mm 的小孔作为控制点，依次投测四大角。根据投测的控制点，用经纬仪测出相应的轴线，投测顶层高度，垂直转点 2 次，其允许偏差为 ±5mm。

施工过程中的垂直度控制，采用激光仪器加吊挂线坠进行双重校验，这样更能增加垂直度的准确性，同时加上内、外双控使高层建筑的竖向投测误差能减小到最低限度。

【知识拓展】

高层建筑的垂直度偏差应控制在一定范围内，由于建筑物高度、结构形式、施工方法、环境条件等因素影响，高层建筑总垂直度要求一般在 $H/1000 \sim H/3000$（H 为建筑物总高，以 m 为单位）。另外，对层间偏差和总垂直度偏差规定一个限值，以防止垂直度偏差在某个方向积累，如《钢筋混凝土高层建筑结构设计与施工规程》规定，层间偏差值不得超过 $\pm 5mm$，全楼的累积误差不得超过 $\pm 20mm$。一些超高层建筑要求总偏差不得大于 $\pm 50mm$。

【能力拓展】

高层建筑轴线投测常采用内控法，可用吊挂线坠或激光仪器进行测量，如图 6-33 所示为吊挂线坠内控法投测轴线。

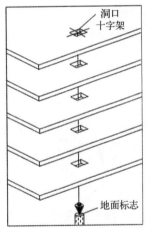

图 6-33　线坠投测法

【能力测试】

简述如图 6-33 所示的轴线投测法的步骤。

【实践活动】

以小组为单位进行建筑物轴线投测工作。

1. 实训组织：每个小组 4 ~ 6 人，每组选 1 名组长，按观测、记录、计算、立尺、钉桩、校核等工作进行任务分工，并在工作中轮换分工，熟悉各项工作。

2. 实训时间：4 学时。

3. 实训工具

（1）经纬仪 1 套、钢尺 1 把、红蓝铅笔、油漆、记录板 1 块

（2）计算器、铅笔

任务 6.10　高程传递

【任务描述】

高程传递是根据设计图纸中各楼层的标高值，先在首层离地面一定高度测量一定数量的标高控制点，然后根据各层高度直接传递到上一层中，并做好标记，再进行楼层水平测量。

一、任务内容

根据给定的已知点 BM 的标高，选择适合的位置测量各楼层平面上的标高。

二、相关规范

(1)《工程测量规范》GB 50026-2007
(2)《建筑工程施工测量规程》DBJ 01-21-95
(3)《建筑工程资料管理规程》JGJ/T 185-2009
(4)《建设工程监理规范》GB 50319-2013
(5)《国家一、二等水准测量规范》GB/T 12897-2006

【任务实施】

1. 绘制测量示意图;
2. 编写测量方案;
3. 现场测量;
4. 编写测量成果报告。

【学习支持】

一、高程传递主要方法

1. 几何水准测量法

虽然高层建筑的整体高度很高,但它是分层进行施工的,每层的高度并不高,因此,可采用常规的几何水准测量法进行高程的逐层传递。

2. 钢尺垂直量距法

该方法与地面精密量距方法大致相同,不同的是钢尺的方向由水平改为垂直。将钢尺悬挂在施工层面上的固定架上,零点端在下方,并挂一与钢尺检定时同一拉力的重锤;同时,在上、下部各设置一台水准仪和一把水准尺进行观测,对量测的钢尺距离进行尺长、温度与倾斜改正。

3. 三角高程测量法

对于有全站仪设备的单位,可采用三角高程测量的方法实施高程基准传递工作。作业时,先在能够观测到施测层面的建筑物附近设一临时水准点,并引测水准高程。然后,进行往返对向观测以消除大气折射误差的影响,获取准确的高差。该方法又称为悬高测量法,即测定空中某点距地面的高度。

4. 全站仪测高法

该方法是利用全站仪的优越性,在底层设站,配置好全站仪的竖直角,使视准轴铅直,并在施测层面的预留孔上安置一反射棱镜,镜面朝下。然后进行距离测量,对测得的垂直距离进行气象改正后,便可实现高程传递的目的。

二、楼层标高测量方法

如图 6-34 所示通过吊挂钢尺配合水准仪可以测量各楼层标高。

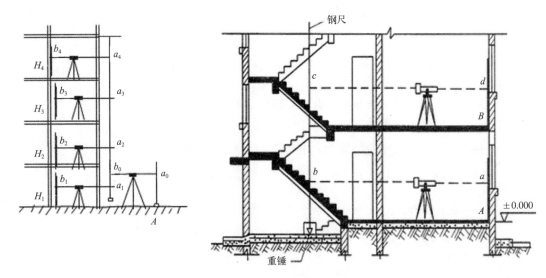

图 6-34　测设建筑楼层标高

【知识拓展】

高程传递时在第 1 层墙壁上各设置 1 个永久性标高点，即每层永久性的楼层标高基准点 +0.500m 标高点，用红油漆标注，不经许可，不得覆盖或破坏。以后每层以此为依据向上引测，在此竖向方向引一通长直线，以消除钢尺的垂直误差。

为了尽可能避免因传导的次数而造成累计误差，在施工中高程每 3 层用钢尺复测一次，及时纠正误差。标高允许偏差：层高不大于 ±3mm，全高不大于 ±20mm。

【能力测试】

（1）高层建筑的楼层标高如何传递？
（2）标高的传递有哪些注意事项？

【实践活动】

以小组为单位进行楼层标高测量工作。

1. 实训组织：每个小组 4 ~ 6 人，每组选 1 名组长，按观测、记录、计算、立尺、钉桩、校核等工作进行任务分工，并在工作中轮换分工，熟悉各项工作。

2. 实训时间：4 学时。

3. 实训工具

（1）水准仪 1 套、钢尺 1 把、记录板 1 块

（2）计算器、铅笔

任务 6.11　激光测量仪器及其应用

【任务描述】

随着激光测量仪器研发、生产技术的成熟以及用户的认可，激光测量仪器在全国各地的应用已较为普遍，成为施工人员不可缺少的助手。激光的发射原理及产生过程的特殊性决定了激光具有普通光所不具有的特点：即三好（单色性好、相干性好、方向性好）一高（亮度高）。利用激光的定向性好和高亮度，可提高测量精度和速度。

在建筑工程中，地下室同样需要打水平线。在地下漆黑的环境中，用激光测量仪器打水平线效果最好。主体完成后，在抹灰阶段，有时需要对楼层中的支柱进行抹灰，这就可以用这种仪器打出的竖直线进行参照，从而不会因抹灰的厚度不均而显得支柱不垂直。主体完成后，需要对每个楼层进行分隔，从而形成一套一套的房子。在隔墙完成后，通常需要对砌好的 90° 夹墙进行检查，核实其是否垂直。采用这种仪器进行垂直度检查，免去了吊线锤的麻烦。

一、任务内容

使用激光仪器完成以下工作。
（1）楼层间水平线（H）；
（2）地下室的水平线（H）；
（3）支柱的垂直度检查（V）；
（4）90° 夹墙的定位放线（V1+V2）；
（5）阴阳角的检查（V）；
（6）高层建筑轴线投测（V）。

二、相关规范

（1）《工程测量规范》GB 50026–2007
（2）《建筑工程施工质量验收统一标准》GB 50300–2013

【学习支持】

一、激光仪器在定位测量中的应用

（一）门窗安装工程

1. 门、窗框的垂直定位（V）和水平定位（H）；
2. 门、窗框的垂整体定位（H+V）。

（二）地板、天花板工程

1. 地板上的 90° 直角，用于贴地砖（V1+V2）。不管是住宅还是办公楼，都避免不了要贴地砖，这就可以利用仪器提供的两条竖线形成的 90° 直角，在地板上给施工人员提供一个准确直观的 90° 夹角。

2. 地板水平高度的定位，地板托梁的水平定位（H）。现代的装饰工程中，有很多都是抬高地板，这就可以利用这种仪器提供一条水平线，从而让地板更加水平，效率更高。

3. 有利于对天花板的采点（V1+V2）。这种仪器除了能在地板上打出 90° 直角外，还能投射到天花板上，形成一个十字丝，从而方便施工人员在天花板上的采点定位。

4. 有利于在天花板上确定灯饰走向定位（V）。在办公楼的装修中，天花板上需要很多平行线安装灯饰及合板。

（三）幕墙工程

1. 从里面向外面投射水平线（H）。在玻璃幕墙的安装中，需要把同一楼层中的多面玻璃安装在同一水平高度上。这就可以利用这种仪器打出一条水平线作为基准，使工作更加准确，快捷。

2. 从里面向外面投射垂直线（V）。在玻璃幕墙的安装中，需要对不同楼层间的同一位置进行安装，利用这种仪器的竖线，可以使不同楼层的玻璃在同一垂直位置。

3. 从里面向外面投射水平垂直线（H+V）。在玻璃幕墙的安装中，有时（如玻璃的面积很小）需要同时对水平和竖直进行定位，这种仪器同样具有这种功能。

（四）主体结构轴线的施工

1. 主体楼层的水平线。

2. 主体楼层的竖直线（V）。当主体结构完成以后，还需要对一些墙面进行竖直定位，为其他作业提供基准。如水电消防在墙面的位置；后砌墙体的竖直位置。

（五）消防工程

1. 在天花板上打出十字线，提供消防管道在天花的走向和分支（V1+V2+V3）。一些大型的商场，消防管道的铺设是非常麻烦的，因此可以利用这种仪器在天花上投射出一个十字丝，作为参照，从而让那些消防管道能更好地在天花铺设，更具条理化，达到设计时的质量要求。

2. 墙面上的十字丝（V+H）。在安装消防栓时，可以利用这种仪器打出的十字丝，在墙上定出水平和竖直位置，让安装的位置更准确。

（六）暖通（中央空调）工程

在天花板上打出十字线，提供暖气管道在天花板的走向和分支（V1+V2+V3）。一些大型的商场，中央空调管道的安装要求非常严格。这就需要这种仪器在天花板上提供十字线，让主干通道走向更加准确，分支与主干通道的连接更加准确到位。

（七）智能化（综合布线）工程

天花板线槽的走向（V）。在综合布线的工程中，通常面对的是那些凌乱、脆弱的网线和光纤，而保护这些光纤不受磨损的就是线槽，这就对线槽在天花板的走向提出了很高的要求。激光仪器较容易在天花板上进行定位。

（八）电梯工程

1. 提供垂直基准线（V）。为确保电梯能高速升降，在电梯安装时，主体轴线的垂直是非常重要的。而采用激光仪器，可以帮助安装人员进行垂直定位，从而确保电梯的垂直度。

2.提供水平基准线（H）。电梯安装时，在电梯水平方面，可以用这种仪器来抄平，从而确保电梯地板的水平。

（九）机电安装工程

1.机柜的安装定位（H+V）。在机电安装的工程中，需要对机柜进行水平和竖直的定位，此时可用激光仪器帮助施工人员更准确地把机柜安装到指定的位置上，保证施工的质量。

2.机柜组的垂直定位（V）。在一些大型的机房中，通常需要对很多个机柜进行安装定位，激光仪器可以帮助施工人员较快地将多个机柜安装在同一水平面和垂直面。

二、激光扫平仪的使用（以投测水平线为例）

如图 6-35 所示，利用扫平仪测量水平面。

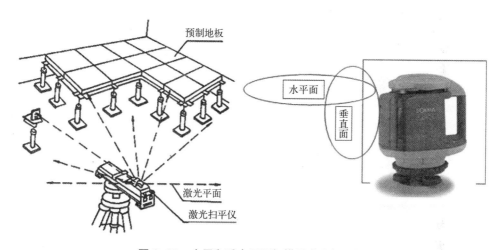

图 6-35　水平和垂直平面扫描及激光扫平仪

三、激光测量仪器

激光测量仪器是指装有激光发射器的各种测量仪器。这类仪器较多，其共同点是将一个氦氖激光器与望远镜连接，把激光束导入望远镜筒，并使其与视准轴重合，其大致结构如图 6-36 所示。该仪器利用激光束方向性好、发射角小、亮度高、红色可见等优点，形成一条鲜明的准直线，作为定向定位的依据。激光测量仪器在大型建筑施工，沟渠、隧道开挖，大型机器安装，以及变形观测等工程测量中应用较广。

常见的激光测量仪器有：

1.激光准直仪和激光指向仪。两者构造相近，用于沟渠、隧道或管道施工、大型机械安装、建筑物变形观测。目前激光准直精度已达 $10^{-5} \sim 10^{-6}$。

2.激光垂线仪。将激光束置于铅直方向以进行竖向准直的仪器。用于高层建筑、烟囱、电梯等施工过程中的垂直定位及倾斜观测，精度可达 0.5×10^{-4}。

3.激光经纬仪。用于施工及设备安装中的定线、定位和测设已知角度。通常在

200m 内的偏差小于 1cm。

4. 激光水准仪。除具有普通水准仪的功能外，尚可做准直导向之用。如在水准尺上装自动跟踪光电接收靶，即可进行激光水准测量。

5. 激光平面仪。这是一种建筑施工用的多功能激光测量仪器，其铅直光束通过五棱镜转为水平光束；微电机带动五棱镜旋转，水平光束扫描，给出激光水平面，精度可达 20mm。适用于提升施工的滑模平台、网形屋架的水平控制和大面积混凝土楼板支模、灌筑及抄平工作，精确、方便。

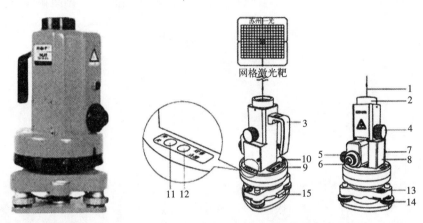

1—望远镜端激光束；2—物镜；3—手柄；4—物镜调焦螺旋；5—激光光斑调焦螺旋；6—目镜；
7—电池盒盖固定螺丝；8—电池盒盖；9—管水准器；10—管水准器校正螺丝；11—电源开关；
12—对点/垂准激光切换开关；13—圆水准器；14—脚螺旋；15—轴套锁定钮

图 6-36　激光铅垂仪

四、激光铅垂仪的使用

投测时，在首层控制点上安置激光铅垂仪，严格对中、整平后接通电源，启动激光器发射光束，通过发射望远镜调焦，使激光束会聚成红色耀目光斑，投射到上层施工楼面预留孔的接受靶上，移动接受靶，使靶心与红色光斑重合，靶心位置即为该层楼面上的一个控制点，如图 6-37 所示。

【能力测试】

在主体结构轴线的施工中定出主体结构每一楼层的水平线。

【实践活动】

图 6-37　铅垂线投点示意图

以小组为单位利用激光仪器完成水平或竖向控制

测量。

1.实训组织：每个小组 4 ~ 6 人，每组选 1 名组长，按观测、记录、计算、定点、校核等工作进行任务分工，并在工作中轮换分工，熟悉各项工作。

2.实训时间：2 学时。

3.实训工具

(1)激光投线仪 1 套、钢尺 1 把、方桩和指示桩若干、锤子 1 把、记录板 1 块

(2)计算器、铅笔

任务 6.12　竣工总平面图的编绘

【任务描述】

竣工总平面图是设计总平面图在施工后实际情况的全面反映。由于在施工过程中可能会因设计时没有考虑到的问题而使设计有所变更，所以设计总平面图不能完全代替竣工总平面图。编绘竣工总平面图的目的，首先是把变更设计的情况通过测量全面反映到竣工总平面图上；其次是将竣工总平面图应用于对各种设施的管理、维修、扩建、事故处理等工作，特别是对地下管道等隐蔽工程的检查和维修；同时还为企业的扩建提供了原有建筑物、构筑物、地上和地下各种管线及交通线路的坐标、高程资料。

竣工总平面图是施工单位在工程竣工后、交付使用前向建设单位提交的重要技术文件之一。

一、任务内容

编绘竣工总平面图是根据竣工测量资料，在设计总平面图的基础上进行的，比例尺一般采用 1：1000 或 1：500。编绘时，先在图纸上绘制坐标格网，将设计总平面图中在施工中未更改的内容按其坐标和尺寸展绘在图上，然后把竣工测量获得的竣工资料补充到图上去，即获得竣工总平面图。

本任务要求按照提供的资料，练习相对简单的竣工总平面图的编绘。

二、相关规范

(1)《工程测量规范》GB 50026-2007

(2)《国家重大建设项目文件归档要求与档案整理规范》DA/T 28-2002

【任务实施】

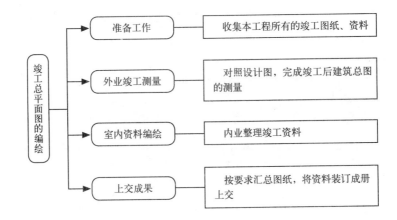

【学习支持】

竹工总平面图的编绘包括竹工测量和资料编绘两方面内容。

工程竹工验收阶段，需检验工程是否按照设计图纸施工，并对施工中的设计变更进行汇总，为工程运营后的管理、维护或改建、扩建提供依据。在每一个单项工程完成后，都必须由施工单位进行竹工测量，并提供该工程的竹工测量成果，作为编绘竹工总平面图的依据。

一、竹工总平面图内容

1.测量控制点（包括平面控制点、高程控制点、建筑场地主轴线点、建筑红线桩点）的坐标或高程。

2.建（构）筑物轴线交点的坐标、高程及尺寸、面积、层高等。

3.建筑区内外道路与桥涵的起终点、转折点、交叉点及曲线主点的坐标和高程。

4.建筑区的电源、水源、气源、热源和室内外、地上下及架空的各种管线（如电缆、电信、供热、供气、供水、排污）及其附属设施（如污水池、化粪池、窨井）的位置、高程、坡度、管径、管材等。

5.仓库、货栈、码头、围墙的位置和高程。

6.建筑区的环境工程（如绿化带、园林、植被的位置、几何尺寸、高程等）。

7.建筑区内外的其他地物和等高线及其他地貌特征。

对于施工内容较多的大型建筑区，其竹工总平面图可以分类表示，如分别绘制竹工道路系统、竹工管线系统图、竹工给水排水系统图等。

二、竹工总平面图绘制

（一）竹工测量

竹工测量按局部地区大比例尺地形图的测绘方法进行测绘。比例尺一般根据区域的范围大小和地物的详细程度，在 1：2000、1：1000 或 1：500 中进行选择。其目的是要将设计变更情况、地下管线等隐蔽工程测绘到竣工总图上，从而检验建筑物的平面位置与高程是否符合设计要求。需特别注意以下内容：

1. 无设计坐标而在现场根据相关位置进行施工的地物。

2. 无审批资料而在现场根据需要变更设计施工的地物。

3. 施工放样的位置、高程或几何尺寸与设计图纸出入较大的地物。

4. 设计资料不全或施工放样资料缺失的地物。

5. 现场形状与设计图纸不相符的地物及其相互关系等。

（二）资料编绘

竣工总平面图的室内资料编绘以设计总平面图为参照进行编绘。需特别注意以下内容：

1. 严格按设计图纸施工的建筑物或构筑物，根据设计的坐标、高程和几何尺寸编绘。

2. 根据经过审批的设计变更资料进行施工的按设计变更资料编绘。

3. 相关地物（包括已经埋入地下的隐蔽管线、设施等地物）按设计的位置、高程施工的，根据设计图纸编绘。

4. 测量控制点及主要细部点的平面坐标和高程，重要建筑物、构筑物的施工放样数据等，编制成表。

为了顺利进行竣工测量和竣工总平面图的编绘，自工程施工开始，即应认真保留所有设计资料、放样资料、变更说明、变形监测报表及各分项工程施工完毕后的竣工测量和检查验收资料等，尤其是即将埋入地下、水下的桩基、管线等隐蔽工程，必须在其施工完成后，回填开始前，及时对其进行分项竣工测量，以免造成整体工程验收时的资料缺失。

竣工总平面图一般尽可能编绘在一张图纸上。但对较复杂的工程可能会使图面线条太密集，不便识图，这时可分类编图，如房屋建筑竣工总平面图，道路及管网竣工总平面图。

图纸编绘完毕，应附必要的说明和图表，连同原始地形图、地址资料、设计图纸文件、设计变更资料、验收记录等合编成册。

【知识拓展】

竣工测量不仅是验收和评价工程是否按设计施工的基本依据，更是工程交付使用后，进行管理、维修、改建及扩建的依据。因此，竣工图和竣工资料是国家基本建设工程的重要技术档案资料，必须按规定绘制和整理，并长期保存。为此，施工单位必须认真负责做好这项工作，按照国家有关规定，编制所承包工程范围内的竣工文件材料。设计单位必须提供编制竣工图所需的施工图，配合施工单位完成编制竣工文件材料的任务。建设单位负责督促检查和验收，并汇总本单位和施工单位负责提供的竣工档案，按期报送各有关单位和档案部门。

【能力拓展】

随着计算机技术的广泛应用，现在很多施工单位，都已采用数字测图软件测制与编绘电子竣工总平面图。电子竣工总平面图是三维的，其建筑物与管网均可以按实际高程绘制；各种地物按规范要求分层存储，可以将单项工程的各类竣工图测绘到一个 dwg 格式图形文件中，根据需要按图层就可以输出各类竣工总平面图。

【能力测试】

1. 编绘竣工总平面图的目的是什么？有什么作用？
2. 竣工测量的内容包括哪些内容？

【实践活动】

提供学校某栋建筑物编制好的竣工总平面图，要求学生分组阅读，对照建筑物现状，寻找不齐全的内容并分析原因。

1. 实训组织：每个小组 4～6 人，共用一套图，共同讨论，分析。
2. 实训时间：2 学时。
3. 实训工具
（1）竣工总平面图、量角器、比例尺
（2）计算器、铅笔

项目 7
变形观测

【项目概述】

建筑物的变形观测是对建筑物的地基、基础、上部结构及其场地受各种作用力而产生的形状或位置变化进行观测，并对观测结果进行处理和分析。随着社会主义建设的蓬勃发展，各种大型建构筑物，如高层建筑、大型桥梁、水坝、隧道及各种大型设备的出现，因变形而造成损失的也越来越多。这种变形总是由量变到质变而造成事故的。因而及时地对建筑物进行变形观测，随时监视变形的发展变化，在未造成损失以前，及时采取补救措施，这就是变形观测的作用和主要目的所在。变形观测越来越重要，其也越来越得到重视。

【学习目标】

通过本项目的学习，使学生能达到：
掌握一般建筑物沉降观测、倾斜观测、裂缝观测的方法。

任务 7.1 变形观测准备工作

【任务描述】

所谓变形，是指相对于稳定点的空间位置的变化。所以在进行变形观测时，必须以稳定点为依据，这些稳定点称为基准点或控制点。变形观测也要遵循从控制到碎部的原则。

建筑物产生变形的原因很多，如地质条件、地震、荷载及外力作用的变化等是主要原因。在建筑物的设计及施工中，都应全面地考虑这些因素。如果设计不合理，材料选择不当，施工方法不当或施工质量低劣，就会使变形超出允许值而造成损失。

建筑物变形的表现形式，主要为垂直位移、水平位移和倾斜，有的建筑物也可能产生挠曲及扭转。当建筑物的整体性受到破坏时，则可产生裂缝。

一、任务内容

依据建筑物变形观测的一般规定，了解某待测建筑物的场地状况、已有控制点资料情况、现有人员仪器配备和建筑物的有关信息，按要求制定变形观测实施方案。

二、相关规范

(1)《工程测量规范》GB 50026-2007

(2)《建筑变形测量规范》JGJ 8-2007

【任务实施】

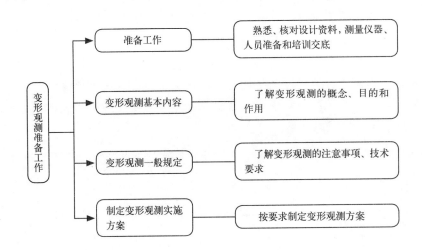

【学习支持】

一、变形观测的基本要求

1.建筑变形测量应能确切反映建筑物、构筑物及其场地的实际变形程度或变形趋势，可作为确定作业方法和检验成果质量的基本要求。

2.变形测量工作开始前，应根据变形类型、测量目的、任务要求以及测区条件进行施测方案设计。

二、变形观测实施的程序与要求

1.应按测定沉降或位移的要求，分别选定测量点，埋设相应的标石标志，建立高程控制网或平面控制网，也可建立三维控制网。

2.应按确定的观测周期与总次数，对监测网进行观测。新建的大型和重要建筑，应从其施工开始进行系统的观测，直至变形达到规定的稳定程度为止。

3. 对各周期的观测成果应及时处理，并应选取与实际变形情况接近或一致的参考系进行严密平差计算和精度评定。对重要的监测成果，应进行变形分析，并预测变形趋势。

三、建筑变形观测的精度等级

建筑变形观测的级别、精度指标及其适用范围应符合表 7-1 的规定。

建筑变形观测的等级划分及其精度要求 表 7-1

| 变形测量等级 | 沉降观测 | 位移观测 | 适用范围 |
	观测点测站高差中误差 μ（mm）	观测点坐标中误差 μ（mm）	
特级	±0.05	±0.3	特高精度要求的特种精密工程和重要科研项目变形观测
一级	±0.15	±1.0	地基基础设计为甲级的建筑的变形观测；重要古建筑和特大型市政桥梁等变形观测等
二级	±0.50	±3.0	地基基础设计为甲、乙级的建筑的变形观测；场地滑坡观测；重要管线的变形观测；地下工程施工及运营中的变形观测；大型市政桥梁等变形观测等
三级	±1.50	±10.0	地基基础设计为乙、丙级的建筑的变形观测；地表、道路及一般管线的变形观测；中小型市政桥梁等变形观测等

四、建筑变形观测的周期

1. 对于单一层次布网，观测点与控制点应按变形观测周期进行观测；对于两个层次布网，观测点及联测的控制点应按变形观测周期进行观测，控制网部分可按复测周期进行观测。

2. 变形观测周期应以能系统反映所测变形的变化过程且不遗漏其变化时刻为原则，根据单位时间内变形量的大小及外界因素影响确定。当观测中发现变形异常时，应及时增加观测次数。

3. 控制网复测周期应根据测量目的和点位的稳定情况确定，一般宜每半年复测一次。在建筑施工过程中应适当缩短观测时间间隔，点位稳定后可适当延长观测时间间隔。当复测成果或检测成果出现异常，或测区受到如地震、洪水、台风、爆破等外界因素影响时，应及时进行复测。

4. 变形测量的首次（即零周期）观测应适当增加观测量，以提高初始值的可靠性。

5. 不同周期观测时，宜采用相同的观测网形和观测方法，并使用相同类型的测量仪器。

根据变形观测结果，对变形数据进行分析，得出变形的规律及大小，从而判定建筑物的变形是逐步趋于稳定，还是继续扩大。如果变形继续扩大，且变形速率加快，则说明它有破坏的危险，应及时发出警报，以便采取措施。即使没有破坏，但变形超出允许值时，则会妨碍建筑物的正常使用。如果变形逐渐缩小，说明建筑物变形趋于稳定，到达一定程度，才可以终止观测。

【知识拓展】

变形控制测量一般规定

1. 建筑物沉降观测应设置高程基准点。

2. 建筑物位移和特殊变形观测应设置平面基准点，必要时应设置高程基准点。

3. 当基准点离所测建筑物距离较远致使变形测量作业不方便时，宜设置工作基点。

4. 变形测量的基准点应设置在变形区域以外、位置稳定、易于长期保存的地方，并应定期复测。

5. 变形测量基准点的标石、标志埋设后应达到稳定后方可开始观测，稳定期应根据观测要求和地质条件确定，不宜少于 1.5 天。

6. 当有工作基点时，每期变形观测时均应将其与基准点进行联测，然后再对观测点进行观测。

7. 变形控制测量的精度级别应不低于沉降或位移观测的精度级别。

【能力测试】

1. 建筑物变形观测的目的是什么？其主要包括哪些内容？

2. 变形观测周期是如何确定的？

3. 变形测量点分为控制点和观测点，控制点是如何分类的？选设时应符合什么要求？

【实践活动】

以小组为单位完成某建筑物变形观测方案的制定。

1. 实训组织：每个小组 4 ~ 6 人，每组选 1 名组长，按工作进行的有关任务分工，并在工作中轮换分工，熟悉各项工作。

2. 实训时间：2 学时。

任务 7.2　沉降观测

【任务描述】

随着工业与民用建筑业的发展，各种复杂而大型的工程建筑物日益增多，建筑物的建设，改变了地面原有的状态，并且对于建筑物的地基施加了一定的压力，这就必然会引起地基及周围地层的变形。为了保证建（构）筑物的正常使用和建（构）筑物的安全性，并为以后的勘察设计施工提供可靠的资料及相应的沉降参数，必须对建（构）筑物沉降进行观测。高层建筑物、高耸构筑物、重要古建筑物及连续生产设施基础、动力设备基础、滑坡监测等均要进行沉降观测。特别是在高层建筑物施工过程中，应用沉降观测加强过程监控，指导合理的施工工序，预防在施工过程中出现不均匀沉降，及时反馈信息，为勘察设计施工部门提供详尽的一手资料，避免因沉降原因造成建筑物主体结构的破坏或产生影响结构使用功能的裂缝，造成巨大的经济损失。

建筑物的沉降观测，是用水准测量方法定期测量其沉降观测点相对于基准点的高差随时间的变化量，即沉降量，以了解建筑物的下沉或上升情况。

一、任务内容

沉降观测一般是在高程控制网的基础上采用水准测量方法进行。首先在建筑物周围一定距离、基础稳固、便于观测的地方，布设一些专用水准点；在建筑物上能反映沉降情况的位置设置一些沉降观测点。根据上部荷载的加载情况，每隔一定时期观测水准点与沉降点之间的高差 1 次，据此计算分析建筑物的沉降规律。本任务要求在已有控制资料的基础上，按二等水准测量方法，采用闭合路线，完成指定建筑物的沉降观测。

二、相关规范

（1）《工程测量规范》GB 50026 – 2007

（2）《建筑变形测量规范》JGJ 8 – 2007

【任务实施】

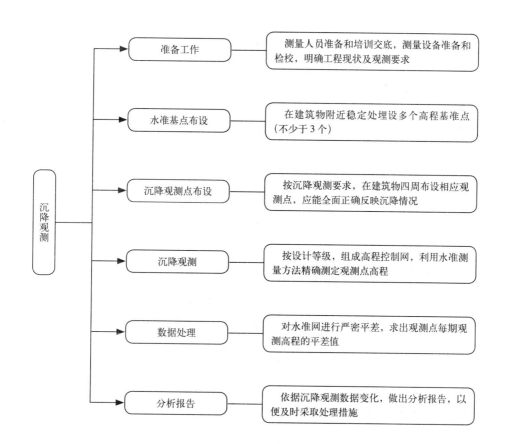

准备工作 —— 测量人员准备和培训交底，测量设备准备和检校，明确工程现状及观测要求

水准基点布设 —— 在建筑物附近稳定处埋设多个高程基准点（不少于 3 个）

沉降观测点布设 —— 按沉降观测要求，在建筑物四周布设相应观测点，应能全面正确反映沉降情况

沉降观测 —— 按设计等级，组成高程控制网，利用水准测量方法精确测定观测点高程

数据处理 —— 对水准网进行严密平差，求出观测点每期观测高程的平差值

分析报告 —— 依据沉降观测数据变化，做出分析报告，以便及时采取处理措施

沉降观测

【学习支持】

一、水准基点的布设

建筑物的沉降观测，是根据基准点进行的，因此要求基准点的位置在整个变形观测期间是稳定不变的。每个测区的水准基点不应少于3个，对于小测区，当确认点位稳定可靠时可少于3个，但连同工作基点不得少于2个。水准基点的标石应埋设在基岩层或原状土层中。在建筑区内，点位与邻近建筑物的距离应大于建筑物最大宽度的2倍，其标石埋深应大于邻近建筑物基础的深度。在建筑物内部的点位，其标石埋深应大于地基土压层的深度。水准基点的标石，可根据点位所在处的不同地质条件选埋基岩水准基点标石、深埋钢管水准基点标石、深埋双金属管水准基点标石、混凝土基本水准标石。为了观测方便及提高观测精度，基准点距观测点不要太远，一般应在100m范围以内。基准点在开工前埋设并精确测出高程。

工作基点与联系点布设的位置应视构网需要确定。工作基点位置与邻近建筑物的距离不得小于建筑物基础深度的1.5～2.0倍。工作基点与联系点也可设置在稳定的永久性建筑物墙体或基础上。如图7-1所示，工作基点的标石，可按点位的不同要求选埋浅埋钢管水准标石、混凝土普通水准标石或墙角、墙上水准标志等。

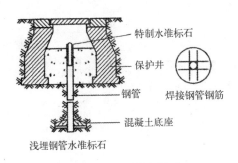

图7-1　工作基点标石

水准标石埋设后，达到稳定后方可开始观测。稳定期根据观测要求与测区的地质条件确定，一般不宜少于15天。

二、沉降观测点的布设

沉降观测点是固定在拟观测建筑物上的测量标志，应牢固地与建筑物结合在一起，便于观测，并尽量保证在整个沉降观测期间不受损坏。观测点的数量和位置，应能全面反映建筑物的沉降情况，尽量布置在沉降变化可能显著的地方，一般宜选择在下列位置：

1. 建筑物的四角、大转角处及沿外墙每10～15m处或每隔2～3根柱基上。

2. 高低层建筑物、新旧建筑物、纵横墙等交接处的两侧。

3. 建筑物裂缝和沉降两侧、基础埋深相差悬殊处、人工地基与天然地基交界处、不同结构的分界处及填挖方分界处。

4. 宽度 ≥ 15m 或 < 15m 而地质复杂以及膨胀土地区的建筑物，在承重内隔墙中部设内墙点，在室内地面中心及四周设地面点。

5. 邻近堆置重物处、受震动有显著影响的部位及基础下的暗浜（沟）处。

6. 框架结构建筑物的每个或部分柱基上或沿纵横轴线设点。

7. 筏形基础、箱形基础底板或接近基础的结构部分的四角处及其中部位置。

8. 大型设备基础和动力设备基础的四角、基础形式或埋深改变处以及地质条件变化处两侧。

9. 电视塔、烟囱、水塔、油罐、炼油塔、高炉等高耸建筑物，沿周边在与基础轴线相交的对称位置上布点，点数不少于 4 个。

沉降观测标志，可根据不同的建筑结构类型和建筑材料，采用墙（柱）标志、基础标志和隐蔽式标志（用于宾馆等高级建筑物），各类标志的立尺部位应加工成半球形或有明显的突出点，并涂上防腐剂。标志埋设位置应避开雨水管、窗台线、暖气片、暖水片、暖水管、电气开关等有碍设标与观测的障碍物，并应根据立尺需要离开墙（柱）面和地面一定距离。

如图 7-2 所示，观测点可将角钢预埋在墙内，如是钢结构，则可将角钢焊在钢柱上。在建筑物平面部位的观测点，可将直径大于 20mm 的铆钉用 1：2 砂浆浇筑在建筑物上。

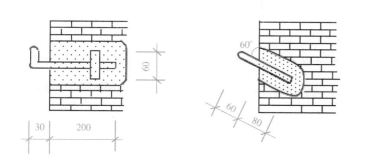

图 7-2 沉降观测点的埋设（mm）

三、沉降观测周期及施测过程

（一）沉降观测周期

沉降观测的周期应能反映出建筑物的沉降变形规律，建（构）筑物的沉降观测对时间有严格的限制条件，特别是首次观测必须按时进行，否则沉降观测得不到原始数据，从而使整个观测得不到完整的观测结果。其他各阶段的复测，根据工程进展情况必须定时进行，不得漏测或补测，只有这样，才能得到准确的沉降情况或规律。一般认为建筑在砂类土层上的建筑物，其沉降在施工期间已大部分完成，而建筑在黏土类土层上的建筑物，其沉降在施工期间只是整个沉降量的一部分，因而，沉降周期是变化的。在施工阶段，观测的频率要大些，一般按 3d、7d、15d 确定观测周期，或按层数、荷载的增加确定观测周期，观测周期具体应视施工过程中地基与加荷而定。施工期间，如遇暴风骤雨、场地滑坡或有其他异常变形情况出现，应及时增加监测。如暂时停工时，在停工时和重新开工时均应各观测一次，以便检验停工期间建筑物沉降变化情况，为重新开工后沉降观测的方式、次数是否应调整提供判断依据。在竣工后，观测的频率可以少些，视地基土类型和沉降速率的大小而定，一般有一个月、两个月、三个月、半年与一年等不同周期。

沉降是否进入稳定阶段，应由沉降量与时间关系曲线判定。对重点观测和科研项目工程，若最后 3 个周期观测中每周期的沉降量不大于 2 倍的测量中误差，可认为已进入稳定阶段。一般工程的沉降观测，若沉降速率小于 0.01 ~ 0.04mm/d，可认为进入稳定阶段，具体取值应根据各地区地基土的压缩性确定。

根据编制的沉降施测方案及确定的观测周期，首次观测应在观测点稳固后进行。一般高层建筑物有一层或数层地下结构，首次观测应自基础开始，在基础的纵横轴线上按设计好的位置埋设沉降观测点（临时的），待临时观测点稳定后，可进行首次观测。首次观测的沉降观测点高程值是以后各次观测值比较的基础，其精度要求非常高，施测时一般用 N2 级精密水准仪，并且要求每个观测点首次高程应在同期观测两次，比较观测结果，若同一观测点间的高差不超过 ±0.5mm 时，即可认为首次观测的数据是可靠的。随着结构每升高一层，临时观测点移上一层并进行观测，直到 +0.000 再按规定埋设永久观测点（为便于观测可将永久观测点设于 +500mm），每施工一层就复测一次，直至竣工。在施工打桩、基坑开挖以及基础完工后，上部不断加层的阶段进行沉降观测时，必须记载每次观测的施工进度、增加荷载量、仓库进（出）货吨位、建筑物倾斜裂缝等各种影响沉降变化和异常的情况。每次观测后，应及时对观测数据进行整理，计算出观测点的沉降量、沉降差以及本周期平均沉降量和沉降速率。若出现变化量异常时，应立即通知委托方，为其采取措施提供依据，同时适当增加观测次数。

（二）观测方法

沉降观测应选择成像稳定、清晰的时间进行，一般将各沉降观测点组成闭合水准路线，从水准基点开始，逐点观测，高程闭合差应在规定范围之内。每次施测前应对仪器进行检验；应对基准点进行定期检测，以检查其稳定性。

不同周期的沉降观测应遵循以下"五定"原则：

1. 沉降观测依据的基准点、基点和被观测物上的沉降观测点、点位要稳定；

2. 所用仪器、设备要稳定；

3. 观测人员要稳定；

4. 观测时的环境条件基本上要稳定；

5. 观测路线、镜位、程序和方法要固定。

以上原则在客观上能保证尽量减少观测误差的主观不确定性，使所测的结果具有统一的趋向性；能保证各次复测结果与首次观测结果的可比性，使所观测的沉降量更真实。

在沉降观测过程中，沉降观测点的精度要求和观测方法，根据工程需要，可按表7-2 所列选定。

沉降观测点的精度要求和观测方法　　　　　　　　　　　　　表 7-2

等级	点高程中误差（mm）	相邻点高差中误差（mm）	适用范围	使用仪器和观测方法	闭合差（mm）
一等	±0.3	±0.1	变形特别敏感的高层建筑物、高耸构筑物、重要古建筑、精密工程设施	S_{05} 水准仪，按国家一等水准测量技术要求施测，视线 ≤ 15m	≤ 0.15 $\sqrt{n}$
二等	±0.5	±0.3	变形比较敏感的高层建筑物、高耸构筑物、古建筑、重要工程设施	S_{05} 水准仪，按国家一等水准测量技术要求施测	≤ 0.30 $\sqrt{n}$
三等	±1.0	±0.5	一般性高层建筑、工业建筑、高耸建筑、滑坡监测	S_{05} 或 S_1 水准仪，按国家二等水准测量技术要求施测	≤ 0.60 $\sqrt{n}$
四等	±2.0	±1.0	观测精度要求不高的建筑物、滑坡监测	S_1 或 S_3 水准仪，按国家三等水准测量或视线三角高程测量技术施测	≤ 1.4 $\sqrt{n}$

注：表中 n 为测站数。

四、沉降观测的成果整理

沉降观测应在每次观测时详细记录建筑物的荷重情况、施工进度、气象情况及日期，在现场及时检查记录中的数据和计算是否准确，精度是否合格。根据水准点的高程和改正后的高差计算出观测点的高程。用各观测点本次观测所得高程减上次观测得的高程，其差值即为该观测点本次沉降量 S；每次沉降量相加得累计沉降量 $\sum S$。沉降观测成果汇总表示例见表 7-3。

沉降观测结束，应提供下列有关资料：

1.沉降观测点位置图。

2.沉降观测成果汇总表。

沉降观测成果汇总表　　　　　　　　　　　　　表 7-3

工程名称：　　　　　　　　　　工程编号：　　　　　　　　　　测量仪器：

点号	首次成果 08.3.18	第二次成果 08.4.2			第三次成果 08.4.17			…
	初始值	高程	沉降量（mm）	累计沉降量（mm）	高程	沉降量（mm）	累计沉降量（mm）	…
1	8.195	8.190	5	5	8.188	2	7	…
2	8.155	8.149	6	6	8.146	3	9	…
3	8.171	8.165	6	6	8.163	2	8	…
4	8.204	8.201	3	3	8.200	1	4	…
5	8.197	8.191	6	6	8.187	4	10	…
⋮	⋮	⋮	⋮	⋮	⋮	⋮	⋮	…
工程施工进展情况	浇筑底层楼板	浇筑二楼楼板			浇筑三楼楼板			

续表

点号	首次成果 08.3.18	第二次成果 08.4.2			第三次成果 08.4.17			…
	初始值	高程	沉降量 （mm）	累计沉降量 （mm）	高程	沉降量 （mm）	累计沉降量 （mm）	…
静荷载 P	35kPa		55kPa			76kPa		…
平均沉降 $S_平$			5.0mm			2.4mm		…
平均沉降速度 $V_平$			0.33mm/月			0.16mm/月		

表 7-3 中"平均沉降"栏可由所有沉降点的沉降量计算

$$S_平 = \frac{\sum_{i=1}^{n} S_i}{n}$$

式中　n——建筑物上沉降观测点的个数。

"平均沉降速度"栏按下式算出：

$$V_平 = \frac{S_平}{相邻两次观测的间隔天数}$$

平均沉降速度是发现及分析异常沉降变形的重要指标。

3. 荷载、时间、沉降量关系曲线图

如图 7-3 所示，图中横坐标表示时间 T（天）。图中上半部分为时间与荷载关系曲线，其纵坐标表示建筑物荷载 P；下半部分为时间沉降量的关系曲线，其纵坐标表示沉降量 S。根据各观测点的沉降量与时间关系便可绘出全部观测点的沉降曲线。利用曲线图，可直观地看出沉降变形随时间发展的情况，也可以看出沉降变形与其他因素之间的内在联系。

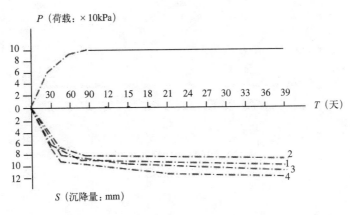

图 7-3　荷载、时间、沉降关系曲线图

4.沉降观测分析报告

沉降观测结束后，须对全部资料进行加工、分析，以研究沉降变形的规律和特征，并提交沉降变形报告。对沉降观测点的变形分析，应符合下列规定：相邻两观测周期，相同观测点有无显著变化，应结合荷载、气象和地质等外界相关因素，进行几何和物理分析，分析后的数据经阐述后才能成为实用的信息。

值得指出的是，由于一般建筑对均匀沉降不敏感，只要沉降均匀，即便沉降量稍大一些，建筑物的结构也不会有多大破坏。但不均匀沉降却会使墙面开裂甚至构件断裂危及建筑物的安全。所以在沉降测量过程中，当出现不均匀沉降、沉降量异常或变形突增等情况时，需立即引起注意，提交变形异常分析报告，以及时采取应对措施。

除提供以上有关资料外，若工程需要，还需提交沉降等值线图（沉降在空间分布的情况）和沉降曲线展开图，由图中可看出各观测点及建筑物的沉降大小、影响范围。

【能力测试】

1.建筑物沉降观测的目的是什么？沉降观测的时间和方法有什么要求？

2.沉降观测水准基点和沉降观测点的布设分别有哪些注意事项？

3.某管桩基础的高层建筑，设计地下 1 层，地上 25 层，表 7-4 列出了第 3 号沉降观测点的沉降观测数据，请绘图表示沉降量与时间的关系。

表 7-4

日期	09/11/09	09/12/24	10/01/31	10/04/06	10/05/24	10/07/03	10/07/25	10/12/15	09/12/27
天数	0	45	83	148	196	236	258	401	413
施工层	3	7	11	15	19	22	25	27	28
高程（m）	12.434	12.432	12.428	12.425	12.421	12.419	12.416	12.413	12.411
沉降量（mm）	0	−2	−6	−9	−13	−15	−18	−21	−23

【实践活动】

以小组为单位完成某栋建筑物沉降观测工作任务，每组已经预先布设好基准点 3 个和沉降观测点若干个，要求采用闭合水准路线，按国家二等水准测量技术要求施测。

1.实训组织：每个小组 4~6 人，每组选 1 名组长，按观测、记录、计算、立尺等工作进行任务分工，并在工作中轮换分工，熟悉各项工作。

2.实训时间：2 学时。

3.实训工具

（1）精密水准仪 1 套、铟钢尺 1 把、尺垫 1 个、测伞 1 把、记录板 1 块

（2）计算器、铅笔

任务 7.3　倾斜观测

【任务描述】

随着我国经济的不断发展，高层建筑在我国日益增多，高层建筑施工和使用过程中的安全问题日渐突出。高层建筑的倾斜问题，对建筑物危害较大，对建筑物的使用寿命有直接影响。建筑物越高，倾斜就越明显，其影响就越大，倾斜在达到建筑设计指标极限以上时，会危及建筑物的安全运营。因此，必须对高层建筑进行倾斜监测。建筑物的主体倾斜是由于建筑物地基承载力的不均匀、建筑物体型复杂形成不同荷载及受外力风荷、地震作用等影响，而导致建筑物基础的不均匀沉降。

通过测定建筑物倾斜度随时间而变化来反映建筑物竖向的倾斜状态和规律称为倾斜观测。

一、任务内容

根据不同的观测条件，建筑物倾斜观测可以采用不同的方法。对于建筑物周围比较空旷的建筑物，通常选用经纬仪投点法。本任务要求用经纬仪投点法完成指定建筑物的倾斜观测。

二、相关规范

(1)《工程测量规范》GB 50026–2007
(2)《建筑变形测量规范》JGJ 8–2007

【任务实施】

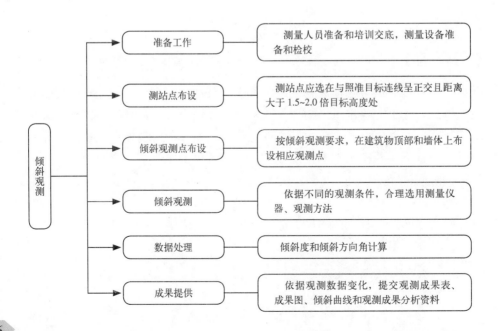

【学习支持】

一、测站点的布设

倾斜观测测站点或工作基点的点位应选在与照准目标中心连线呈正交或呈等分角的方向线上，距离照准目标 1.5 ～ 2.0 倍目标高度的固定位置处。当利用建筑物内竖向通道观测时，可将通道底部中心点作为测站点。地面上的测站点要根据不同的观测要求，采用带有强制对中设备的观测墩或混凝土标石；对于一次性倾斜观测项目，测站点可以采用小标石或临时性标志。

二、观测点的布设

建筑物主体倾斜观测点应沿着对应测站点的主体竖直线，对整体倾斜按顶部、底部，对分层倾斜按分层部位、底部上下对应布设。建筑物顶部和墙体上的观测点标志，可采用埋入式照准标志形式；不便埋设标志的塔形、圆形建筑物以及竖直构件，可以照准视线所切同高边缘认定的位置或用高度角控制的位置作为观测点位；对于一次性倾斜观测项目，观测点标志可采用标记形式或直接利用符合位置与照准要求的建筑物特征部位。

三、一般建筑物的倾斜观测方法

建筑物的倾斜观测应在与观测部位垂直的两面墙上进行，通常采用经纬仪投点法。如图 7-4 所示，在离建筑物墙面大于 1.5 倍墙高的地方选定固定观测点 A，安置经纬仪，然后瞄准屋顶一固定观测点 M，用正、倒镜取中点的方法定下面的观测点 m_1；同法，在与其相垂直的另一墙面方向上，距墙面大于或等于 1.5 倍墙高的固定观测点 B 处，安置经纬仪，瞄准上观测点 N，定下观测点 n_1。每过一段时间，分别在原固定观测点 A、B 处安置经纬仪，观测 M、N 点，用正、倒镜取中点法，定下观测点 m_2、n_2。若 m_1 与 m_2，n_1 与 n_2 不重合，则说明建筑物发生了倾斜，用钢尺量得两方向上的偏移量 Δm、Δn，然后用矢量相加法可求得建筑物的总偏移量。

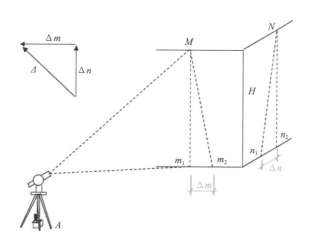

图 7-4　建筑物倾斜观测

即

$$\Delta=\sqrt{(\Delta m)^2+(\Delta n)^2} \tag{7-1}$$

建筑物的倾斜度计算如下：

$$i=\tan \alpha=\Delta/H \tag{7-2}$$

式中　H——建筑物高度；

　　　α——建筑物的倾斜角。

四、观测周期的确定

倾斜观测要视倾斜速度每 1 ～ 3 个月观测 1 次。施工期间的倾斜观测周期，可根据要求参照沉降观测的周期确定。如遇基础附近因大量堆载或卸载、场地降雨长期积水而导致倾斜速度加快时，应及时增加观测次数。倾斜观测应避开强日照和风荷载影响大的时间段。

五、倾斜观测工作结束后，应提交的成果

1. 倾斜观测点位布置图。
2. 观测成果表、成果图。
3. 主体倾斜曲线图。
4. 观测成果分析资料。

【知识拓展】

倾斜观测根据观测条件和观测仪器的不同，除采用经纬仪投点法之外，还可以选用不同的观测方法。

1. 测定基础沉降差法
2. 激光垂准仪观测法
3. 测水平角法
4. 测角前方交会法

【能力拓展】

对圆形构筑物，如烟囱、水塔的倾斜观测，应在互相垂直的两个方向分别测出顶部中心对底部中心的偏移量，然后用矢量相加的方法，计算出总的偏差值及倾斜方向。

如图 7-5 所示，在圆形构筑物的纵、横轴线上，距构筑物大于或等于 1.5 倍构筑物高度的地方，分别建立固定观测点，在纵轴线观测点上安置经纬仪，在构筑物底部地面垂直视线方向设置一龙门架。然后分别照准烟囱底部边缘两点，向横木上投点，得 1、2 两点，量得其中点 A。再照准烟囱顶部边缘两点，向横木上投点，得 3、4 两点，量出其中点 A'，量得 A、A' 两点间的距离 a，即为构筑物在横轴线方向上的中心垂直偏差。同

样方法，在横轴线观测点上安置经纬仪，可测出纵轴线方向上的中心垂直偏差值 b。

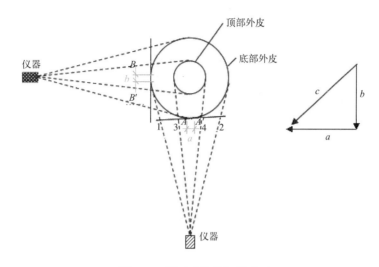

图 7-5　圆形建筑物倾斜观测

由矢量相加的方法可求得顶部中心对底部中心的总偏心距，即

$$c=\sqrt{a^2+b^2} \tag{7-3}$$

构筑物的倾斜度与建筑物的倾斜度计算相同，即

$$i=c/H \tag{7-4}$$

式中　H——构筑物高度。

【能力测试】

1. 建筑物主体倾斜观测有哪些方法？

2. 地基的不均匀沉降导致建筑物发生倾斜，某建筑物的高度为 35.8m，顶部沉降观测点 A、B 的观测偏移量 $\Delta_A=0.038m$、$\Delta_B=0.162m$，求建筑物的总偏移量和倾斜度。

【实践活动】

以小组为单位完成某栋建筑物垂直度观测任务（选择一幢建筑物进行倾斜观测和倾斜量计算）。已经预先布设好测站点 2 个和倾斜观测点若干个。

1. 实训组织：每个小组 4～6 人，每组选 1 名组长，按观测、记录、计算等工作进行任务分工，并在工作中轮换分工，熟悉各项工作。

2. 实训时间：2 学时。

3. 实训工具

（1）经纬仪 1 套、小钢尺 1 把、测伞 1 把、记录板 1 块

（2）计算器、铅笔

任务 7.4 裂缝观测

【任务描述】

在建筑施工和使用过程中由于建筑物的不均匀沉降，当建筑物的整体性受到破坏时，则会产生裂缝。因此，需要通过裂缝观测来定期测定建筑物上裂缝的变化情况，以确保建筑物的安全。裂缝观测通常与沉降观测同步进行，以便于综合分析，及时采取应对措施。

一、任务内容

当发现建筑物有裂缝时，除了要增加沉降观测次数外，应立即检查建筑物裂缝的分布位置、裂缝走向、长度、宽度及变化情况；对每条裂缝进行编号，并对主要的或变化大的裂缝定期进行裂缝观测。对于一般建筑，观测期较短或要求不高时，采用油漆平行标志观测。

二、相关规范

（1）《工程测量规范》GB 50026 – 2007
（2）《建筑变形测量规范》JGJ 8 – 2007

【任务实施】

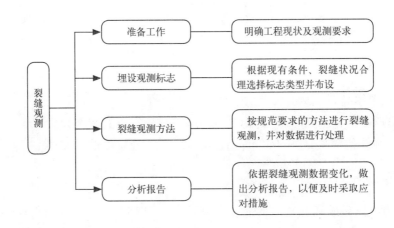

【学习支持】

一、设置标志

为了观测裂缝的发展情况，要在裂缝处设置标志。常用的标志有：石膏板标志，白铁片标志。

1. 石膏板厚 10mm，宽 50 ~ 80mm，长度视裂缝大小而定，固定在裂缝的两侧。

当继续发展时，石膏板也随之开裂，这可直接反映出裂缝的发展情况。

2. 白铁片标志

如图 7-6 所示，用两块白铁片，一片为 150mm×150mm 的正方形，固定在裂缝一侧，使其一边与裂缝边缘对齐；另一片为 50mm×200mm 的长方形，固定在裂缝的另一侧，并使其中一部分与正方形白铁片相叠，然后在两块白铁片表面涂上红漆；如裂缝继续发展，两块白铁片将逐渐拉开，露出正方形白铁片上原被覆盖没有涂红漆的部分，用尺

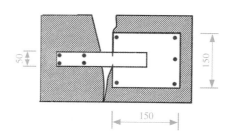

图 7-6　建筑物裂缝观测（mm）

子量出其宽度，即为裂缝加大的宽度。将裂缝加大的宽度，连同观测时间一并记入观测记录中。

裂缝宽度数据应精确至 0.1mm，每次观测后应绘出裂缝的位置、形态和尺寸，注明日期，并附上照片。

二、裂缝观测周期

裂缝观测周期视裂缝大小、性质、开裂速度而定。通常开始为半个月测一次，以后一月左右测一次。当发现裂缝加大时，应增加观测次数，直至几天或逐日一次的连续观测。

三、提交成果

观测结束后，应提交下列成果：

1. 裂缝分布位置图。
2. 裂缝观测成果表。
3. 观测成果分析说明资料。

【知识拓展】

裂缝观测标志应具有可供量测的明晰端面或中心。观测期较长时，可采用嵌入或埋入墙面的金属标志、金属杆标志或楔形板标志；要求较高、需要测出裂缝纵横向变化值时，可采用坐标方格网板标志。

【能力拓展】

对于数量不多易于量测的裂缝，可视标志形式的不同，用比例尺、小钢尺或游标卡尺等工具定期丈量标志间的距离求得裂缝变位值，或用方格网板定期读取"坐标差"计算裂缝变化值；对于较大面积且不便于人工量测的众多裂缝，应采用近景摄影测量方法。

【能力测试】

以小组为单位在学校某建筑物内找到 1 处较大的裂缝，做油漆平行标志，用游标卡尺量测 d_1、d_2、d_3 的初始值，并记录在观测成果表，为后面的裂缝观测实践做准备。

【实践活动】

以小组为单位完成某栋建筑物裂缝观测工作任务。各小组利用提前做好的油漆平行标志，观测某裂缝的变化情况，用游标卡尺量测 d_1、d_2、d_3 的本次测量值，计算裂缝变化值。

1. 实训组织：每个小组 4～6 人，每组选 1 名组长，按观测、记录等工作进行任务分工，并在工作中轮换分工，熟悉各项工作。

2. 实训时间：2 学时。

3. 实训工具

（1）游标卡尺 1 套、油漆 1 瓶、测伞 1 把、记录板 1 块

（2）计算器、铅笔

项目 8
道路工程测量

【项目概述】

道路工程测量是指铁路、公路、市政道路工程，在勘测设计、施工建造和运营管理的各个阶段进行的测量工作。

道路工程测量的任务主要包括以下三个方面：一是在勘测设计阶段，为工程设计提供地形图、断面图等必要的测绘资料和数据；二是在施工建造阶段，根据设计意图和要求，将道路的平面位置和高程测设在实地上，指导道路施工；三是在运营管理阶段，对道路工程的危险地段进行变形监测，以掌握工程的安全状况，便于必要时采取永久性或应急性措施，或为道路工程的维修和局部改线提供服务。

本项目以某公路工程为例，着重介绍道路工程在施工建造阶段所进行的测量工作。道路施工测量的工艺流程如下：

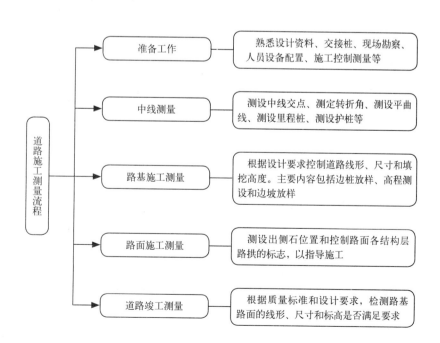

道路施工测量流程

- 准备工作 —— 熟悉设计资料、交接桩、现场勘察、人员设备配置、施工控制测量等
- 中线测量 —— 测设中线交点、测定转折角、测设平曲线、测设里程桩、测设护桩等
- 路基施工测量 —— 根据设计要求控制道路线形、尺寸和填挖高度。主要内容包括边桩放样、高程测设和边坡放样
- 路面施工测量 —— 测设出侧石位置和控制路面各结构层路拱的标志，以指导施工
- 道路竣工测量 —— 根据质量标准和设计要求，检测路基路面的线形、尺寸和标高是否满足要求

通过本项目的学习，你将能够：
（1）认知道路施工测量的主要内容和方法；
（2）会测设道路中线和圆曲线；
（3）会测设道路中线桩高程；
（4）能参与道路路基、路面工程的施工测量工作。

任务 8.1　道路施工测量准备工作

【任务描述】

道路工程属于线形工程，它是由直线、曲线及路面宽度、路堑、路堤等平面和高程要素组成的。道路施工测量的主要任务是加密平面施工控制网，测设中线桩平面位置，控制道路的线形；加密高程施工控制网，测设中桩、边桩等的高程，控制道路的纵向坡度和横向路拱坡度。

一、任务内容

道路施工测量的准备工作包括收集和熟悉设计相关资料、交接桩、现场勘察、人员设备配置、布设施工控制网等内容。通过学习本任务，认知道路施工测量的任务和内容，以及道路施工测量的准备工作，并完成能力测试。

二、相关规范

(1)《工程测量规范》GB 50026-2007
(2)《公路勘测规范》JTG C10-2007
(3)《公路勘测细则》JTG/T C10-2007

【学习支持】

一、收集、熟悉设计资料

在道路施工测量开始前，需要收集和熟悉相关设计资料和图表，详见表 8-1。

道路施工测量相关资料和图表　　　　表 8-1

序号	相关设计资料	熟悉要点
1	路线平面图	道路平面线形、交点、已知控制点位置等

续表

序号	相关设计资料	熟悉要点
2	路线纵断面图	道路纵坡、变坡点桩号、高程、竖曲线要素、填挖方情况等
3	路基横断面图	各桩号处路基宽度、填挖值、填挖面积、边坡坡度等
4	路面结构图	路面结构层组成与厚度等
5	路基设计表	各桩号处路基宽度、地面高程、设计高程、填挖值等
6	直线、曲线及转角表	交点、圆曲线和缓和曲线要素等
7	埋石点成果表	已知平面和高程控制点编号和坐标等
8	逐桩坐标表	各中线桩坐标值等
9	路基标准横断面图	横断面组成、路面宽度、路拱横坡度等

二、交接桩

测量桩位交接工作一般由建设单位组织，设计或勘测单位向施工单位测量工程师交桩。交桩时要有桩位平面布置图。

（一）交接桩范围

1. 路线控制桩：包括直线转点、交点、圆曲线和缓和曲线起讫点等。

2. 平面控制桩：道路选线时布设的导线网、三角网及间接测量所布设的控制桩等。

3. 高程控制桩：道路选线时布设的水准基点及与其有联系的国家水准基点。

（二）交接桩程序

1. 根据设计单位提供的原桩点资料，进行室内审核和现场查对。

2. 用测量仪器对重要桩、点进行施测交接，做详细记录。

3. 对于交接中发现的问题，如误差超限、错误、漏项及需补测或精测等事项，应明确处理办法及负责施测单位。

4. 填写"交桩纪要"，交接双方签字。

三、现场勘察

进驻施工现场后，测量技术人员在全面熟悉设计资料的基础上，应到施工现场勘察核对，主要内容包括以下几个方面。

1. 勘察施工标段起讫点实地位置及周围的地形地貌概况，以确定取土、弃土运输便道位置并制定临时排水措施等。

2. 对照路线设计纵、横断面图查看沿线地形，弄清填挖情况。

3. 查看道路沿线控制点和交点点位和完好程度，以及通视情况能否满足放样要求。

4. 根据可利用控制点情况，拟定道路施工测量方案。

四、人员设备配置

根据道路施工测量的内容和方法，制定人员组织方案，并准备相关测量仪器设备。

（一）人员组织

设专人负责道路施工测量全过程的组织管理和复核工作。根据测量人员情况和技术要求分工，分别负责仪器操作、记录计算、细部放线等工作，要求分工和责任明确。

（二）仪器配置和准备

根据测量方法和精度要求，配置所需的测量仪器和工具，并对测量仪器进行检验和校正。道路施工测量中通常需要准备的测量仪器工具有：

1. 全站仪：精度不低于 $\pm 6''$、$\pm (5mm+5ppm \cdot D)$

2. 经纬仪：精度不低于 $\pm 6''$

3. 水准仪：精度不低于 $\pm 3mm$

4. 其他工具：对讲机、可编程计算器、钢尺、水准尺、棱镜组、坡度尺、方向架、铁钉、记号笔、石灰、红布（或红塑料袋）、铁锤、油漆、细绳等

五、布设施工控制网

在道路施工测量开始前，需要按照要求的精度等级进行施工控制网的布设。鉴于公路线形的特点，平面控制网的布设宜采用沿线路方向的附合导线；高程控制宜采用附合水准线路或三角高程测量。

（一）导线测量

当路线的线形采用导线控制时，导线的点位精度和密度将直接影响施工测量的质量。因此，需要在道路施工测量开始前对导线进行复测。复测的内容包括：检查导线网是否符合规范及设计要求，平差是否正确，导线点的密度是否满足放线要求，导线点是否丢失、移动等。

1. 精度要求

导线网的等级和精度应满足表3-1和表3-4的规定。

2. 边长要求

根据道路勘测规范规定，路线平面控制网中相邻点之间的距离应满足：四等以上平面控制网不得小于500m，一、二级平面控制网平原、微丘区不得小于200m，重丘、山岭区不得小于100m；且平面控制点到路线中心线的距离应大于50m，宜小于300m，每一点至少应有一相邻点通视。

3. 导线点的加密

当原有导线点不能满足施工要求时，应进行导线点加密，以保证在道路施工过程中，相邻导线点间能互相通视。

可以采用线形三角锁、图根导线、交会法以及全站仪支导线法等方法加密导线点。

（二）高程控制测量

《公路勘测规范》规定，路线高程控制点距路线中心线的距离应大于50m，宜小于

300m，相邻控制点的间距以 1 ～ 1.5m 为宜，重丘、山岭区可根据需要适当加密。

高速公路和一级公路高程控制测量等级不得低于四等，二、三、四级公路不得低于五等。道路高程控制网的精度应满足表 8-2 和表 8-3 的规定。

道路水准测量的主要技术要求　　　　　　　　　　表 8-2

测量等级	每公里高差中数中误差（mm）		检测已测测段高差之差（mm）
	平原、微丘	重丘、山岭	
二等	$\leqslant 4\sqrt{l}$	$\leqslant 4\sqrt{l}$	$\leqslant 6\sqrt{L_i}$
三等	$\leqslant 12\sqrt{l}$	$\leqslant 3.5\sqrt{n}$ 或 $\leqslant 15\sqrt{l}$	$\leqslant 20\sqrt{L_i}$
四等	$\leqslant 20\sqrt{l}$	$\leqslant 6.0\sqrt{n}$ 或 $\leqslant 25\sqrt{l}$	$\leqslant 30\sqrt{L_i}$
五等	$\leqslant 30\sqrt{l}$	$\leqslant 45\sqrt{l}$	$\leqslant 40\sqrt{L_i}$

注：计算往返较差时，l 为水准点之间的路线长度（km），计算附合或环线闭合差时，l 为附合或环线的路线长度（km）；n 为测站数；L_i 为检测测段长度，小于 1km 时按 1km 计算。

道路光电测距三角高程测量的主要技术要求　　　　　表 8-3

测量等级	测回内同向观测高差较差（mm）	同向测回间高差较差（mm）	对向观测高差较差（mm）	附合或环线闭合差（mm）
四等	$\leqslant 8\sqrt{D}$	$\leqslant 10\sqrt{D}$	$\leqslant 40\sqrt{D}$	$\leqslant 20\sqrt{\Sigma D}$
五等	$\leqslant 8\sqrt{D}$	$\leqslant 15\sqrt{D}$	$\leqslant 60\sqrt{D}$	$\leqslant 30\sqrt{\Sigma D}$

注：D 为测距边长度，以 km 计。

【知识拓展】

公路测量符号

公路测量符号宜采用汉语拼音字母，有特殊要求时可采用英文字母。一个公路项目应使用同一种表示形式。测量符号参照表 8-4 执行。

公路测量符号　　　　　　　　　　表 8-4

名称	拼音或我国习惯符号	英文缩写	名称	拼音或我国习惯符号	英文缩写
三角点	SJ	TAP	变坡点	SJD	PVI
GPS 点	G	GPS	竖曲线起点	SZY	BVC
导线点	D	TP	竖曲线终点	SYZ	EVC
水准点	BM	BM	曲线长	YH	CS
图根点	T	RP	平、竖曲线半径	R	R
交点	JD	TP	平、竖曲线切线长	T	T

续表

名称	拼音或我国习惯符号	英文缩写	名称	拼音或我国习惯符号	英文缩写
转点	ZD	TMP	平、竖曲线外距	E	E
圆曲线起点（直圆点）	ZY	BC	路基宽度	B	B
圆曲线中点（曲中点）	QZ	MC	填高	T	F
圆曲线终点（圆直点）	YZ	EC	挖深	W	C
第一缓和曲线起点	ZH	TS	填面积	A_T	A_F
第一缓和曲线终点	HY	SC	长	L	L、l
第二缓和曲线起点	YH	CS	宽	B、b	B、b
第二缓和曲线终点	HZ	ST	高	H、h	H、h

【能力测试】

1. 简述道路施工测量的步骤。

2. 简述道路施工测量准备工作的内容。

3. 表 8-5 为某公路施工测量设备配置，请根据学校仪器设备情况完成下表。

某公路施工测量设备配置 　　　　　　　　　　　　　　　　　　　　　　表 8-5

设备名称	型号及规格	精度	数量	作用
全站仪				
经纬仪				
水准仪				
钢尺				
水准尺				

【实践活动】

1. 实训组织：道路施工测量准备工作，独立完成能力测试。

2. 实训时间：4 学时。

3. 实训工具

（1）经纬仪 1 套、钢尺 1 把、方桩和指示桩若干、锤子 1 把、记录板 1 块

（2）计算器、铅笔

任务 8.2　中线测量

【任务描述】

线路工程从勘测设计到施工建造经过一段较长时间，原定测中线桩往往有部分丢失、损坏或移位，为保证施工中线的位置准确可靠，必须进行中线恢复测量，检查定测桩位的可靠性和完整性，校正恢复丢失的中线桩，并在路基施工前对主要中线桩设置护桩。中线恢复工作一般采用中线测量的方法，由施工单位会同勘测设计部门共同完成。

中线测量包括测设中线交点、测定转折角、测设平曲线、测设里程桩、测设护桩等内容，曲线测设将在任务 8.3 中详细介绍。

一、任务内容

根据如图 8-1 和表 8-6 完成中线测量任务。

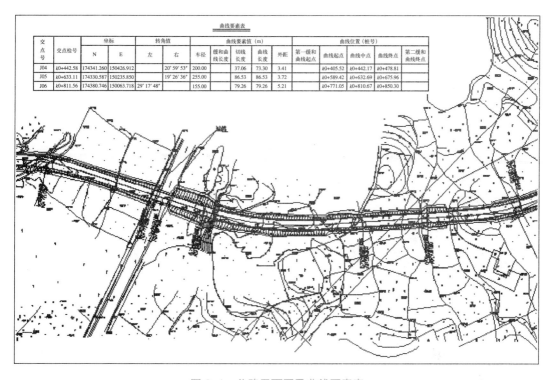

图 8-1　公路平面图及曲线要素表

编号	高程（m）	坐标		备注
		N	E	
JX35	601.13	173995.997	149983.523	埋混凝土（桥头）
PJ350	621.692	172156.497	148679.010	埋混凝土

二、相关规范

(1)《工程测量规范》GB 50026 – 2007

(2)《公路勘测规范》JTG C10 – 2007

(3)《公路勘测细则》JTG/T C10 – 2007

【任务实施】

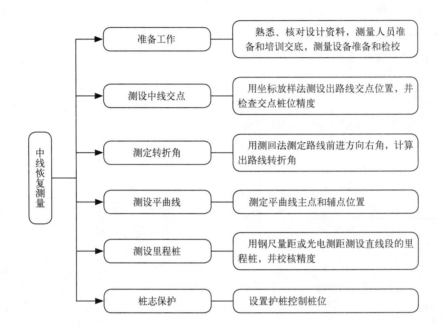

【学习支持】

一、测设中线交点

在中线测量时，应首先测设路线交点（即路线的转折点，一般用 JD 加编号表示，如 JD_2），作为中线测量的控制点。

根据平面控制网和设计数据资料，可采用 GPS RTK 法、坐标放样法、极坐标法、拨角法、穿线法、直接定交点法等方法测设交点位置。通常高速和一、二级公路宜采用 GPS RTK 法、坐标放样法或极坐标法放线；三级及以下公路可采用拨角法、穿线法或直接定交点法放线。

根据表 8-7 用全站仪采用坐标放样法测定路线交点，中线桩钉好后按照表 8-8 所列桩位限差检查交点桩平面桩位精度。

二、测定转折角

为后续测设曲线，需测定路线交点处转折角。转折角是指路线由一个方向偏转至另一方向时，偏转后的方向与原方向间的夹角，又称转角或偏角，用 α 表示。

××公路曲线要素表   表 8-7

交点	交点桩号	坐标		转角值（°　′　″）	
		N	E	左	右
JD_4	$K0+442.58$	174341.260	150426.912		20 59 53
JD_5	$K0+633.11$	174330.587	150235.850		19 26 36
JD_6	$K0+811.56$	174380.746	150063.718	29 17 48	

中桩平面桩位精度   表 8-8

公路等级	中桩位置中误差（cm）		桩位检测之差（cm）	
	平原、微丘	重丘、山岭	平原、微丘	重丘、山岭
高速公路，一、二级公路	$\leqslant \pm 5$	$\leqslant \pm 10$	$\leqslant \pm 10$	$\leqslant \pm 20$
三级及以下公路	$\leqslant \pm 10$	$\leqslant \pm 15$	$\leqslant \pm 20$	$\leqslant \pm 30$

如图 8-2 所示，当偏转后的方向位于原方向的左侧时，为左偏角；位于原方向的右侧时，为右偏角。在中线测量中，转角一般通过测定路线前进方向的右角 β，按下式计算求得。

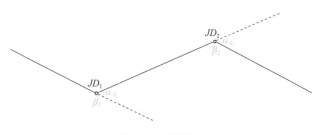

图 8-2　路线转角

当 $\beta > 180°$ 时，转角为左偏角　　$\alpha_左 = \beta - 180°$ 　　　　　　　　　　(8-1)

当 $\beta < 180°$ 时，转角为右偏角　　$\alpha_右 = 180° - \beta$ 　　　　　　　　　　(8-2)

右角 β 通常采用经纬仪以测回法观测一个测回，高速、一级公路两个半测回角值相差不超过 $\pm 20''$，二级及以下公路不超过 $\pm 60''$。

三、测设里程桩

为了确定中线的位置和长度，满足线路工程施工测量的需要，在路线交点和转角测定后，即可测设里程桩。

里程桩又叫中桩，每个桩有一个桩号，表示该桩至路线起点的水平距离，如桩距起点的水平距离为 2500m，则桩号为 $K2+500$。

里程桩分为整桩和加桩两种。整桩是按表 8-9 的规定，每隔一定距离（一般为 20m

或 50m）设置的桩号为整数的里程桩。加桩又分为地形加桩、地物加桩、曲线加桩和关系加桩等。

中桩间距要求   表 8-9

直线（m）		曲线（m）			
平原、微丘	重丘、山岭	不设超高	$R>60$	$30<R<60$	$R<30$
50	25	25	20	10	5

注：表中 R 为平曲线半径（m）。

　　线路工程的里程桩一般是采用钢尺量距或光电测距，一边丈量一边设置，测设精度应满足表 8-2、表 8-3 的要求。随着测量设备的发展和普及，高等级公路大多是计算出各中桩坐标，采用全站仪或 GPS RTK 进行测设。

　　在钉设里程桩时，对起控制作用的交点桩、转点桩、公里桩、重要地物桩和曲线主点桩，应使用 6cm×6cm 的方桩，如图 8-3（a）所示，桩顶露出地面约 2cm，顶面钉一小钉表示点位。在距方桩约 20cm 左右处设置指示桩，如图 8-3（b）所示，上面书写桩名和桩号，指示桩字面应朝向方桩，在直线上应设置在路线同侧，在曲线上应设置在曲线外侧。其他里程桩一般不设方桩，直接将指示桩钉设在点位上，桩号应露出地面，字面一律朝向起点方向。

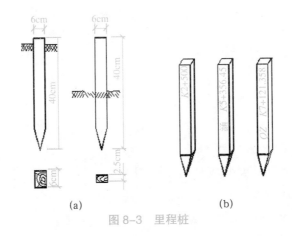

(a)   (b)

图 8-3　里程桩

四、桩志保护

　　在中线上设置的里程桩在施工中往往被破坏，为控制桩位，保证施工中线的正确性，在中线恢复测量中应保护好主要中线控制桩。

（一）固桩

　　确定在施工中不能被破坏的里程桩，如交点桩等，可因地制宜地采取埋土堆、垒石堆、用混凝土加固或换埋坚固桩志等方式固定桩志。

（二）护桩

护桩，也称为检桩，可根据实际情况灵活采用距离交会法、方向交会法、平行线法或延长线法设置护桩。为便于检核，护桩一般不少于 3 个。

1. 距离交会法

如图 8-4（a）所示，适用于护桩间距离较短的平坦地区。

2. 角度交会法

桩间距离宜长勿短，每排护桩不少于 3 个，交会角不宜小于 60°，以减小交会误差，如图 8-4（b）所示。

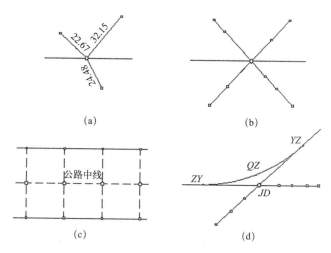

（a）

（b）

公路中线

（c）

（d）

图 8-4　护桩设置方法

3. 平行线法

在中线两侧一定距离处，测设两排平行于中线的施工控制桩，如图 8-4（c）所示，该方法适用于地势平坦、填挖高度不大、直线段较长的地段。

4. 延长线法

曲线交点的护桩可采用延长线法设置，如图 8-4（d）所示，延长线法恢复原桩的准确度较高，且简便易行。其适用于坡度起伏较大和直线段较短的路段。

【知识拓展】

一、道路工程曲线类型

铁路、公路等道路工程是由直线和曲线组成，可分为平曲线和竖曲线两种。

线路平曲线又分为圆曲线和缓和曲线，如图 8-5 所示。圆曲线按组成形式分为单曲线、复曲线和回头曲线等，缓和曲线按几何线形分为辐射螺旋线、三线抛物线、双扭线和多圆弧曲线等。竖曲线分为圆曲线和抛物线两种。

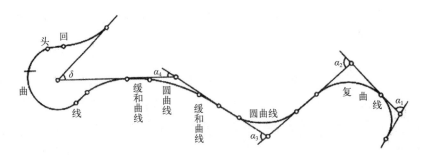

图 8-5　线路工程平曲线类型

二、转点

中线测量中，当相邻交点间有障碍无法通视或距离太远时，需在相邻两交点的连线或延长线上设立转点，以供交点、测角、量距或延长直线使用。

如图 8-6 所示为在两交点间设立转点，图 8-7 所示为在两交点延长线上设立转点。

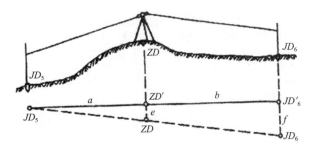

图 8-6　在两交点间设立转点

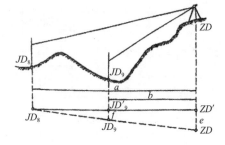

图 8-7　在两交点延长线上设立转点

三、加桩

里程桩加桩分为地形加桩、地物加桩、曲线加桩和关系加桩等。

1. 地形加桩：沿路线中线在地面起伏突变处、横向坡度变化处和天然河沟处设置。

2. 地物加桩：沿路线中线在桥梁、涵洞、线路交叉等人工构筑物处设置。

3. 曲线加桩：沿路线中线在曲线起点、中点、终点处设置。

4. 地物加桩：在路线交点和转点处设置。

在钉设里程桩时，需要在指示桩上书写桩名和桩号，目前我国公路上通常采用汉语拼音缩写书写桩名，如表 8-4 所示。

【能力拓展】

放点穿线法测设中线交点

放点穿线法又叫支距定线法，是利用地形图上测图导线点与图上定出的路线间的夹角和距离关系，采用量取支距的方法在实地测设出路线的直线段，然后将相邻两直线延长相交得到路线交点，如图 8-8 所示，其具体测设步骤如下：

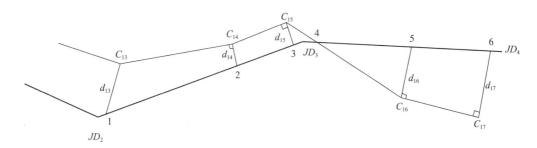

图 8-8　放点穿线法示意图

1. 量测已知数据

支距是指在过导线点垂直于导线边且与线路中线相交的直线上，导线点与交点间的水平距离。在地形图上直接量出支距长度作为放样数据。

2. 放点

在导线点上利用经纬仪或方向架定出垂线方向，在此方向上测设支距得到图 8-8 中1、2、3、5、6 等临时点位，导线与路线的交点如 4 点可直接作为临时点位。

临时点位也可通过坐标反算或在地形图上量测出夹角和距离，采用极坐标法测设。

3. 穿线

由于图角数据和放样误差的影响，同一直线上的各临时点位放到地面后一般不在一条直线上，此时需要根据实际情况，采用花杆目估或经纬仪穿线，定出一条尽可能多地穿过或靠近临时点的直线。穿出线位后在适当位置钉设 2 个以上直线转点桩，将路线位置准确标定在地面上。

4. 交点

当相邻直线均标定在地面上，即可使用经纬仪延长直线交会出路线交点。

【能力测试】

1. 根据中线转角外业观测数据完成表 8-10。

中线转角观测手簿　　　　　　　　　表 8-10

测站	竖盘位置	测点	水平度盘读数 °′″	半测回角值 °′″	一测回角值 °′″	转角值 °′″	设计转角值 °′″	实测值与设计值较差
JD_4	左	JD_3	0 01 30				20 59 53	
		JD_5	159 01 22					
	右	JD_3	180 01 21					
		JD_5	339 01 02					

续表

测站	竖盘位置	测点	水平度盘读数 ° ′ ″	半测回角值 ° ′ ″	一测回角值 ° ′ ″	转角值 ° ′ ″	设计转角值 ° ′ ″	实测值与设计值较差
JD_5	左	JD_4	0 02 11					
		JD_6	160 35 22				19 26 36	
	右	JD_4	180 02 19					
		JD_6	340 35 41					
JD_6	左	JD_5	0 01 30					
		JD_7	209 19 06				29 17 48	
	右	JD_5	180 01 21					
		JD_7	29 18 56					

2. 简述如何进行中线桩桩志保护。

【实践活动】

以小组为单位完成路线中线测量工作任务。

1. 实训组织：每个小组 4 ~ 6 人，每组选 1 名组长，按观测、记录、计算、立尺、钉桩、校核等工作进行任务分工，并在工作中轮换分工，熟悉各项工作。

2. 实训时间：4 学时。

3. 实训工具

(1) 经纬仪 1 套、钢尺 1 把、方桩和指示桩若干、锤子 1 把、记录板 1 块

(2) 计算器、铅笔

任务 8.3 圆曲线测设

【任务描述】

线路工程平面线形由直线和曲线组合而成。在线路转向处应设置平曲线，线路平曲线的线形有圆曲线、缓和曲线和回头曲线等，圆曲线又分为单曲线和复曲线两种。平曲线测设是线路工程中线测量中的一项工作，本任务以单圆曲线测设为例让学生学会测设单圆曲线，并能参与线路工程曲线测设工作。

单圆曲线测设工作分两步，首先测设曲线的主点，即直圆点（ZY）、曲线中点（QZ）和圆直点（YZ）。然后进行曲线的详细测设，即在曲线上每相距 10m 或 20m 测设一个曲线桩。

一、任务内容

根据图 8-1、表 8-11 和表 8-12，完成 JD_5 处的圆曲线测设。

××公路曲线要素表 表 8-11

交点	交点桩号	坐标		转角值（° ′ ″）	
		N	E	左	右
JD_5	K0+633.11	254330.587	190235.850		19 26 36

交点	曲线要素值（m）				曲线位置（桩号）		
	半径	切线长度	曲线长度	外距	ZY点	QZ点	YZ点
JD_5	255.00	43.69	86.53	3.72	K0+589.423	K0+632.690	K0+675.957

偏角法放样数据计算表 表 8-12

交点	桩号	桩点到ZY点或YZ点的弧长（m）	偏角值（° ′ ″）	偏角读数（° ′ ″）	相邻桩间弧长（m）	相邻桩间弦长（m）
	ZY K0+589.423	0	0 00 00	0 00 00	0	0
	+600	10.58	1 11 19	1 11 19	10.58	10.58
	+620	30.58	3 26 08	3 26 08	20	19.99
JD_5	QZ K0+632.690	43.27	4 51 40	4 51 40	12.69	12.69
				355 08 20	7.31	7.31
	+640	35.96	4 02 24	355 57 36	20	19.99
	+660	15.96	1 47 35	358 12 25	15.96	15.96
	YZ K0+675.957	0	0 00 00	0 00 00	0	0

二、相关规范

（1）《工程测量规范》GB 50026－2007

（2）《公路勘测规范》JTG C10－2007

（3）《公路勘测细则》JTG/T C10－2007

【任务实施】

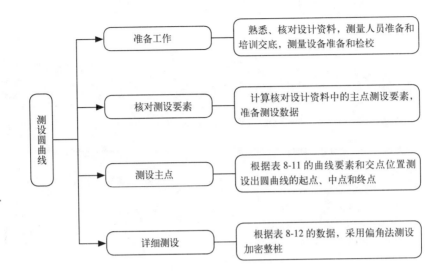

【学习支持】

一、圆曲线主点测设

1. 测设曲线起点（ZY）

在 JD 点安置全站仪（经纬仪），后视相邻交点或转点方向，自 JD 点沿视线方向测设切线长 T，打下曲线起点桩 ZY。

2. 测设曲线终点（YZ）

全站仪（经纬仪）照准前视相邻交点或转点方向，自 JD 点沿视线方向测设切线长 T，打下曲线终点桩 YZ。

3. 测设曲线中点（QZ）

沿分角线方向，量外距 E，打下曲线中点桩 QZ。

二、偏角法详细测设圆曲线

圆曲线主点测设完成后，需根据表 8-9 规定的中桩间距要求，测设曲线加密桩。曲线加密桩的设置方法一般有以下两种。

1. 整桩号法。将曲线上靠近 ZY 点的第一个加密桩的桩号凑整为大于 ZY 点桩号，且为桩距 l_0 最小倍数的整桩号，然后按 l_0 连续向 YZ 点设桩。桩号均为整数，见表 8-12。

2. 整桩距法。从 ZY 点和 YZ 点开始，分别以桩距 l_0 连续向 QZ 点设桩。由于桩号一般含有小数，因此在实测中还需加设百米桩和公里桩。

偏角法与极坐标放样法类似，是以 ZY 点（或 YZ 点）至待测点 P_i 的切线与弦线之间的弦切角 Δ_i（称为偏角）以及弦长 c_i 来确定 P_i 位置的一种方法。如图 8-9 所示，偏角 Δ_i 和弦长 c_i 的计算公式为：

$$\Delta_i=\frac{\varphi_i}{2}=\frac{l_i}{R}\cdot\frac{90°}{\pi} \tag{8-3}$$

$$c_i=2R\sin\frac{\varphi_i}{2}2R\sin\Delta_i \tag{8-4}$$

式中：l_i 为弧长（P_i 到 ZY 点或 YZ 点的桩距）；φ_i 为 l_i 所对应的圆心角。

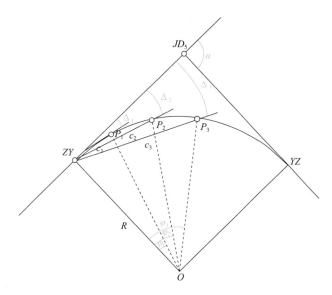

图 8-9　偏角法测设圆曲线

【例 8-1】根据表 8-11 中 JD_5 的曲线要素，计算偏角法测设 $K0+660$ 桩号平面位置所需放样数据。

【解】

（1）$K0+660$ 桩号与 YZ 点的桩距（弧长）为：

$$l_i=YZ\text{ 点桩号 }-600=675.96-660=15.96\text{m}$$

（2）根据式（8-3）计算偏角值。

$$\Delta_i=\frac{\varphi_i}{2}=\frac{l_i}{R}\cdot\frac{90°}{\pi}=\frac{15.96}{255}\cdot\frac{90°}{\pi}=1°47'35''$$

（3）偏角法放样时水平度盘读数在 QZ 点前，即偏角值在 QZ 点后为 360° 减去偏角值，则

$$K0+660\text{ 桩号处的水平读数}=360°-1°47'35''=358°12'25''$$

（4）根据式（8-4）计算弦长。

$$c_i=2R\sin\frac{\varphi_i}{2}=2R\sin\Delta_i=2\times255\times\sin1°47'35''=15.96\text{m}$$

偏角法的具体测设步骤如下：

（1）校核圆曲线主点 *ZY*、*QZ* 和 *YZ* 的位置，如有异常应重新测设。

（2）将经纬仪安置在 *ZY* 点上，照准交点 JD_5，并将水平度盘置零。

（3）转动照准部使水平度盘的读数为 *ZY* K0+600 的偏角读数 1°11′19″，用钢尺从 *ZY* 点沿此方向量取弦长 10.58m，定出 *K*0+600。

（4）转动照准部使水平度盘的读数为 *ZY* K0+620 的偏角读数 3°26′08″，从 *ZY* K0+600 处量弦长 19.99m 与视线方向相交，定出 *ZY* K0+620。同法测设出 *QZ* 点，此时测设的 *QZ* 点与主点测设时定出的 *QZ* 点闭合差应不超过限差的规定。

（5）将经纬仪迁站至 *YZ* 点，同法测设其余各桩并校核 *QZ* 点。

【知识拓展】

一、计算圆曲线测设要素

圆曲线测设前，需对设计资料给出的测设要素进行计算核对。

（一）计算曲线要素

如图 8-10 所示，圆曲线要素可按下列公式计算。

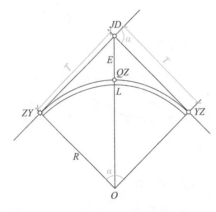

图 8-10　圆曲线要素

切线长
$$T=R\cdot\tan\frac{\alpha}{2} \tag{8-5}$$

曲线长
$$L=R\alpha\cdot\frac{\pi}{180°} \tag{8-6}$$

外矢距
$$E=-R=R\left(\sec\frac{\alpha}{2}-1\right) \tag{8-7}$$

切曲差
$$D=2T-L \tag{8-8}$$

（二）计算主点里程桩号

由图 8-10 可知，圆曲线各主点的里程桩号可按下列公式计算。

$$ZY 桩号 = JD 桩号 - T \qquad (8\text{-}9)$$

$$YZ 桩号 = ZY 桩号 + L \qquad (8\text{-}10)$$

$$QZ 桩号 = YZ 桩号 - \frac{L}{2} \qquad (8\text{-}11)$$

$$校核：JD 桩号 = QZ 桩号 + \frac{D}{2} \qquad (8\text{-}12)$$

二、切线支距法详细测设圆曲线

常用的圆曲线详细测设方法有：偏角法、切线支距法、弦线支距法、弦线偏距法、极坐标法、坐标放样法等。

切线支距法适用于平坦开阔地区，是以 ZY 点或 YZ 点为坐标原点，以切线为 x 轴，过原点的半径为 y 轴，计算出曲线上各点的坐标，用直角坐标法测设圆曲线加密桩。

如图 8-11 所示，P_i 点坐标的计算公式为：

$$\varphi_i = \frac{l_i}{R} \cdot \frac{180^\circ}{\pi} \qquad (8\text{-}13)$$

$$x_i = R \sin \varphi_i \qquad (8\text{-}14)$$

$$y_i = R(1 - \cos \varphi_i) \qquad (8\text{-}15)$$

式中：l_i 为弧长（P_i 到 ZY 点或 YZ 点的桩距）；φ_i 为 l_i 所对应的圆心角。

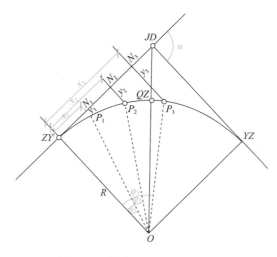

图 8-11　切线支距法测设圆曲线

切线支距法的具体测设步骤如下：

1. 从 ZY 点（或 YZ 点）开始用钢尺沿切线方向量取 P_i 点的横坐标 x_i，得垂足 N_i。

2. 在各垂足点 N_i 上用方向架或经纬仪定出垂直方向，量取纵坐标 y_i，即可定出点 P_i。

3. 曲线上各点测设完毕后，应量取相邻各桩的间距，与相应桩距比较，若较差在限差内，则曲线测设合格，否则应查明原因予以改正。

【能力拓展】

全站仪坐标放样法

随着全站仪、GNSS 技术的发展和普及，坐标放样法在线路工程施工测量中得到了广泛的应用。这种方法具有设站灵活、不受地形限制，直线、曲线上的中线桩可以同时测设等优点。下面以全站仪为例介绍坐标放样测设线路中线桩的方法。

1. 准备或计算中线桩逐桩坐标

通常设计资料中已包含中线逐桩坐标表（表 8-13），如设计资料中无坐标数据，则需根据交点坐标和曲线要素等计算得出。

×× 公路中桩逐桩坐标表　　表 8-13

桩 号	坐标		方位角 (° ′ ″)		
	N	E			
ZY K0+589.423	254333.024	190279.469	266	48	10
+600	254332.653	190268.900	269	10	45
+621	254333.217	190247.913	273	53	52
QZ K0+632.690	254334.690	190236.272	276	31	28
+651	254337.010	190218.171	280	38	18
+667	254341.998	190202.408	284	14	00
YZ K0+675.957	254342.809	190193.907	286	14	46

2. 全站仪测设中线桩

(1) 在导线点上安置全站仪，并后视相邻导线点。

(2) 选择坐标放样模式，输入测站点和后视点坐标。

(3) 输入中线桩坐标。

(4) 按照全站仪提示，测设对应水平角和水平距离，得到中线桩平面位置。

如需进行纵断面测量，则可在中线桩平面位置测定后，测出其地面高程。这样就无需再单独进行中平测量，从而大大简化纵断面测量工作。

【能力测试】

1. 根据表 8-14 中 JD_4 的曲线要素，计算完成表 8-15。

2. 简述偏角法测设圆曲线的步骤。

JD_4 曲线要素表   表 8-14

交点	交点桩号	坐标		转角值 (° ′ ″)	
		N	E	左	右
JD_4	K0+442.582	174344.569	150426.106		20 59 53

交点	曲线要素值（m）				曲线位置（桩号）		
	半径	切线长度	曲线长度	外距	ZY点	QZ点	YZ点
JD_4	200.00	37.06	73.30	3.41	K0+405.518	K0+442.166	K0+478.815

偏角法放样数据计算表   表 8-15

交点	桩号	桩点到ZY点或YZ点的弧长（m）	偏角值（ ° ′ ″ ）	偏角读数（ ° ′ ″ ）	相邻桩间弧长（m）	相邻桩间弦长（m）
	ZY K0+405.518					
	+420					
	+440					
JD_4	QZ K0+442.166					
	+460					
	YZ K0+478.815					

【实践活动】

以小组为单位完成圆曲线测设工作任务。

1. 实训组织：每个小组 4～6 人，每组选 1 名组长，按观测、记录、计算、立尺、钉桩、校核等工作进行任务分工，并在工作中轮换分工，熟悉各项工作。

2. 实训时间：2 学时。

3. 实训工具

（1）经纬仪 1 套、钢尺 1 把、方桩和指示桩若干、锤子 1 把、记录板 1 块

（2）计算器、铅笔

任务 8.4　路基边桩测设

【任务描述】

路基施工测量的主要工作就是边桩、边坡和高程的放样。路基边桩测设就是在路基施工之前，在地面上把路基轮廓表示出来，即把每个横断面路基边坡线与原地面相交的坡脚点（或坡顶点）找出来，钉上边桩，以便施工。边桩的位置与路基的填土高度或挖土深度、边坡率和地形情况有关。

路基分为路堤和路堑两种，填方路基称为路堤，挖方路基称为路堑。本任务以××二级公路的一个路堑断面为例让学生学会测设路基边桩。

一、任务内容

根据路基横断面图和边沟大样图（图 8-12）完成 $K0+632.690$ 桩号处的边桩测设任务。

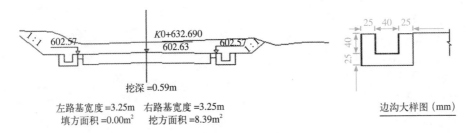

左路基宽度=3.25m　右路基宽度=3.25m
填方面积=0.00m² 　挖方面积=8.39m²

边沟大样图（mm）

图 8-12　路基横断面和边沟大样图

二、相关规范

（1）《工程测量规范》GB 50026－2007

（2）《公路勘测规范》JTG C10－2007

（3）《公路勘测细则》JTG/T C10－2007

【任务实施】

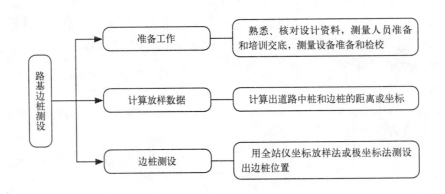

【学习支持】

一、中桩与边桩距离计算

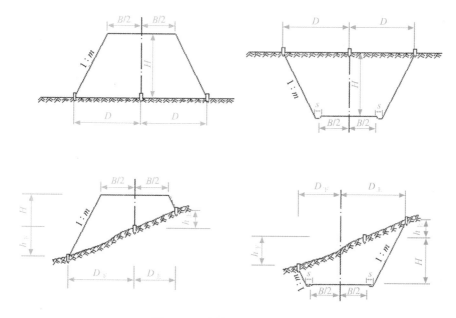

图 8-13 路基边桩计算示意图

如图 8-13 所示，B 为路基设计宽度，m 为边坡设计坡率，H 为路基中心设计填挖高度，s 为边沟宽度，$h_上$ 为上侧坡顶与中桩的高差；$h_下$ 为下侧坡坡顶与中桩的高差，则平坦地面边桩至中桩的距离为：

$$路堤 \quad D = \frac{B}{2} + m \cdot H \tag{8-16}$$

$$路堑 \quad D = \frac{B}{2} + s + m \cdot H \tag{8-17}$$

倾斜地面边桩至中桩的距离为：

$$路堤上侧坡底 \quad D_上 = \frac{B}{2} + m(H + h_上) \tag{8-18}$$

$$路堤下侧坡底 \quad D_下 = \frac{B}{2} + m(H - h_下) \tag{8-19}$$

$$路堑上侧坡顶 \quad D_上 = \frac{B}{2} + s + m(H + h_上) \tag{8-20}$$

$$路堑下侧坡顶 \quad D_下 = \frac{B}{2} + s + m(H - h_下) \tag{8-21}$$

二、测设路基边桩

因为边桩位置尚未确定，$h_上$和$h_下$值都是未知数，因而不能直接根据式（8-16）~式（8-21）计算出中桩与边桩的距离。所以实际工程中，一般采用逐渐趋近法或坡脚尺法测设边桩位置。

（一）逐渐趋近法

1. 先根据中桩的填挖高度和地面实际情况，并参考路基横断面图，估计中桩与边桩的距离。

2. 丈量估计距离，测设出假定边桩。

3. 测出假定边桩与中桩的高差。

4. 将边桩与中桩的高差代入式（8-16）~式（8-21），计算中桩与假定边桩的距离。

5. 若距离的计算值大于估计值，说明假定边桩离中桩太近，应增大假定值重新估计，反之，说明假定边桩离中桩太远，应缩小假定值重新估计。

6. 重复上述步骤，逐次趋近直到计算值和假定值完全一致，即得边桩位置。

7. 通过放石灰线、拉红绳、插小红旗或在桩上扎红布条（红塑料袋）等方法，在堑顶边桩处设立醒目标志。

（二）坡脚尺法

先根据中桩的填挖高度和地面实际情况，按略大于中桩与边桩的距离，测设出假定边桩。

根据假定边桩与中桩的距离、路基宽度和边坡坡率，计算出假定边桩处的设计高程，并测设在假定边桩处。

如图 8-14 所示，将按边坡坡率制作的坡度尺放置于假定边桩的设计高程处，即可测设出边桩位置。

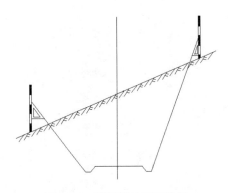

图 8-14 坡脚尺法测设边桩

【知识拓展】

路基边坡放样

边桩测设后，为使路基边坡达到设计的坡率，还应把边坡坡度在实地标定出来，以便指导施工。

（一）挂线法测设边坡

如图 8-15 所示，测设时在路基宽度处设立标杆，并在其上从中桩填土高度处用绳索连接至坡脚桩，即得设计边坡线。当路堤填土高度较大，挂线标杆高度不够时可采用分层挂线法施工。此法适用于填方路堤施工。

图 8-15　挂线法测设边坡

（二）固定边坡样板测设边坡

如图 8-16 所示，路堑施工前，可在边桩外侧按照边坡坡率做好边坡样板，施工时可对比样板进行开挖和修整边坡。

（三）插杆法测设边坡

路堤采用机械化施工时，可在边桩外插上标杆表明坡脚位置，每填筑 2～3m 后，用平地机或人工修整边坡，使其达到设计坡度。

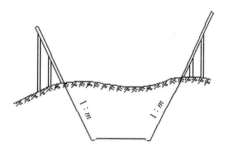

图 8-16　固定边坡样板测设边坡

【能力测试】

采用逐步趋近法完成本任务时，假定 $D_上 = D_下 = 4\text{m}$，放样后经实测得 $h_上 = 0.25\text{m}$，$h_下 = 0.12\text{m}$，试计算 $D_上$ 和 $D_下$。根据计算结果确定边桩位置。

【实践活动】

以小组为单位完成路基边桩测设工作任务。

1. 实训组织：每个小组 4～6 人，每组选 1 名组长，按观测、记录、计算、立尺、钉桩、校核等工作进行任务分工，并在工作中轮换分工，熟悉各项工作。

2. 实训时间：1 学时。

3. 实训工具

（1）经纬仪 1 套、钢尺 1 把、方桩和指示桩若干、锤子 1 把、记录板 1 块

（2）计算器、铅笔

任务 8.5　中线高程测设

【任务描述】

道路中桩和边桩的平面位置标定后，还需根据高程控制测量所布设的高程控制点，测设中桩和边桩处的设计高程，以标定纵向高程，监控填挖高度，保证路基施工高程与设计高程相符。

在纵坡变坡点处，考虑视距要求和行车的平稳，应设置竖曲线予以缓和。竖曲线有凸形和凹形两种。坡度从大变小采用凸形竖曲线，坡度从小变大采用凹形竖曲线。

路基高程测设包括直线段和竖曲线上中桩、边桩高程测设，一般采用水准测量法实施。

一、任务内容

根据图 8-17 和表 8-16，完成 K0+500 ～ +600 段的中线纵坡测设任务。

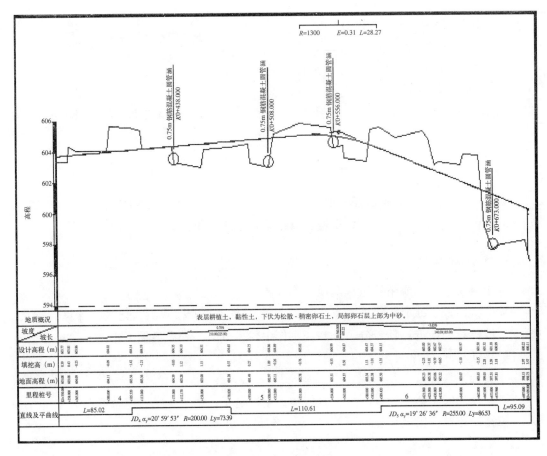

图 8-17　公路纵断面图

变坡点	桩号	高程（m）	坡长（m）	坡度（%）	坡差（%）	竖曲线半径（m）		切线长 T（m）	外距 E（m）	竖曲线起点桩号	竖曲线终点桩号
						凹	凸				
3	$K0+335.000$	603.65	225.000	0.700	1.040	4000		20.800	0.054	$K0+314.200$	$K0+355.800$
4	$K0+560.000$	605.22			-4.350		1300	28.275	0.307	$K0+531.725$	$K0+588.275$
5	$K0+745.000$	598.47	185.000	-3.650	4.383	1195		26.187	0.287	$K0+718.813$	$K0+771.187$

××公路纵坡和曲线表　　　　表 8-16

二、相关规范

（1）《工程测量规范》GB 50026-2007

（2）《公路勘测规范》JTG C10-2007

（3）《公路勘测细则》JTG/T C10-2007

【任务实施】

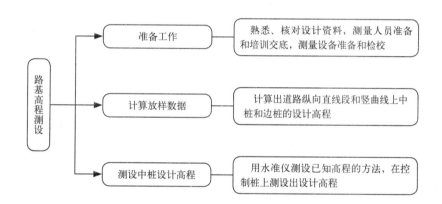

【学习支持】

一、计算直线段设计高程

根据表 8-16 列出的桩号和坡度计算出直线段所有中桩的高程，计算公式为：

$$H_直 = 上一变坡点高程 + 坡度 × 与上一变坡点的距离 \qquad (8-22)$$

或

$$H_直 = 下一变坡点高程 - 坡度 × 与下一变坡点的距离 \qquad (8-23)$$

如按式（8-23）计算 $K0+500$ 桩号处的高程，则

$$H_直 = 605.22 - 0.700\% × (650-500) = 604.80\text{m}$$

二、计算竖曲线设计高程

竖曲线通常采用圆曲线和二次抛物线两种形式，下面以圆曲线为例介绍竖曲线的计算方法。

如图 8-18 所示，圆形竖曲线要素按下列公式计算。

$$T=R\frac{|i_1-i_2|}{2} \tag{8-24}$$

$$E=\frac{T^2}{2R} \tag{8-25}$$

$$y=\frac{x^2}{2R} \tag{8-26}$$

式中：R 为竖曲线半径；i_1、i_2 为相邻纵坡度；T 为切线长；E 为外距；x 为竖曲线上任意一点至竖曲线起点（或终点）的水平距离；y 为竖曲线上任意一点距切线的纵距。

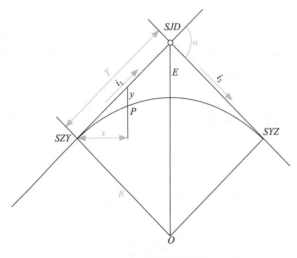

图 8-18　竖曲线示意图

在计算过程中，按直线计算出纵断面设计高程，再用纵距 y 加以改正，即得竖曲线上的设计高程。即

凸形竖曲线：　$H_曲$= 切线高程 $-y$ $\tag{8-27}$

凹形竖曲线：　$H_曲$= 切线高程 $+y$ $\tag{8-28}$

【例 8-2】根据图 8-17 和表 8-16，计算 $K0+540$ 桩号处的设计高程。

【**解**】根据设计资料可知，$K0+540$ 桩号位于变坡 4 所在凸形竖曲线上，$i_1=0.7\%$，$i_2=-3.65\%$，变坡点的桩号为 $K0+560$，$R=1300m$，$T=28.275m$，距 SJD_4 的距离 $=560-540=20m$。

（1）按式（8-23）计算切线高程。

$$H_{直}=SJD_4 \text{高程} -i_1 \times \text{与} SJD_4 \text{的距离} =605.22-0.007 \times 20=605.08m$$

（2）根据式（8-26）计算纵距。

$$y= \frac{x^2}{2R}=\frac{20^2}{2 \times 1300}=0.15m$$

（3）根据式（8-27）计算设计高程。

$$H_{曲}= \text{切线高程} -y=605.08-0.15=604.93m$$

三、测设设计高程

（1）用水准仪测出待放样点的地面高程，称为地面实测高程 $H_{测}$。

（2）计算设计高程与地面实测高程之差 $V =$ 放样点设计高程 $H_{设}-H_{测}$。

（3）依据 V 值在待放样点中桩侧面划"线"或写"数"标示设计高程位置。当 V 为正时，表示该点为路堤，应填 Vm，才可达到设计高程，在桩侧划线表示；当 V 为负时，表示该点为路堑，应挖 Vm，才可达到设计高程，在桩侧写数表示。

（4）如待放样点为填方路堤，由于填料为松方，应考虑加上松铺厚度。

【能力测试】

根据图 8-17 和表 8-16 提供的设计资料，计算完成表 8-17。

竖曲线详测计算表　　　　　　　　　　　　　　　表 8-17

桩号	坡度（%）	切线高程（m）	纵距（m）	设计高程（m）	说明
$K0+500.000$					
$K0+520.000$					
$K0+531.725$	0.700				SZY 点
$K0+540.000$					
$K0+560.000$					SJD 点
$K0+580.000$					
$K0+588.275$	−3.650				SYZ 点
$K0+600.000$					

【实践活动】

以小组为单位完成道路中桩高程测设任务。

1. 实训组织：每个小组 4～6 人，每组选 1 名组长，按观测、记录、计算、立尺、钉桩、校核等工作进行任务分工，并在工作中轮换分工，熟悉各项工作。

2. 实训时间：4 学时。

3. 实训工具

(1) 水准仪 1 套、水准尺 2 把、方桩和指示桩若干、锤子 1 把、记号笔 1 支、记录板 1 块

(2) 计算器、铅笔

参考文献

[1] 中华人民共和国国家标准. 工程测量规范GB 50026–2007 [S]. 北京：中国计划出版社，2007.

[2] 中华人民共和国行业标准. 城市测量规范CJJ/T 8–2011 [S]. 北京：中国建筑工业出版社，2011.

[3] 中华人民共和国行业标准. 建筑变形测量规范JGJ 8–2007[S]. 北京：中国建筑工业出版社，2007.

[4] 中华人民共和国行业标准. 公路勘测规范JTG C10–2007[S]. 北京：人民交通出版社，2007.

[5] 中华人民共和国行业推荐性标准. 公路勘测细则JTG/T C10–2007[S]. 北京：人民交通出版社，2007.

[6] 刘晓燕. 建筑工程测量放线[M]. 北京：中国建筑工业出版社，2006.

[7] 覃辉. 建筑工程测量[M]. 北京：中国建筑工业出版社，2007.

[8] 苗景荣. 建筑工程测量（第2版）[M]. 北京：中国建筑工业出版社，2009.

[9] 潘松庆. 工程测量技术[M]. 郑州：黄河水利出版社，2011.

[10] 聂让，许金良，邓云潮. 公路施工测量手册[M]. 北京：人民交通出版社，2000.

[11] 王云江. 市政工程测量（第2版）[M]. 北京：中国建筑工业出版社，2012.

[12] 李聚方. 工程测量[M]. 北京：测绘出版社，2013.